U0281694

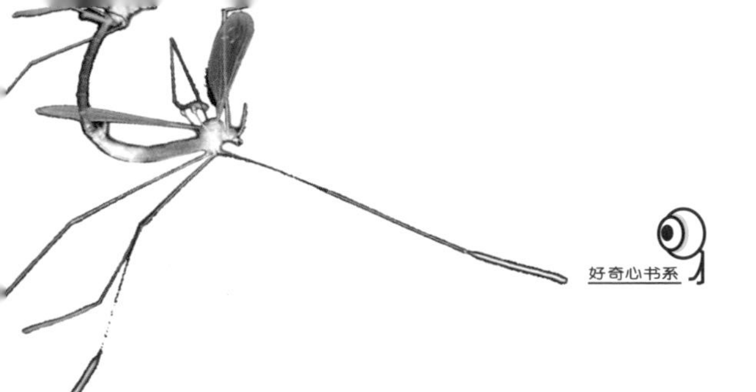

嘎嘎老师的昆虫观察记

林义祥（嘎嘎） 著　萧旳 审订
张巍巍　简体中文版校订

重庆大学出版社

图书在版编目（CIP）数据

嘎嘎老师的昆虫观察记 / 林义祥. --重庆：重庆大学出版社，2019.1（2022.12重印）
（好奇心书系）
ISBN 978-7-5689-1374-4

Ⅰ.①嘎… Ⅱ.①林… Ⅲ.①昆虫—普及读物 Ⅳ.①Q96-49

中国版本图书馆CIP数据核字（2018）第208156号

嘎嘎老师的昆虫观察记
GAGA LAOSHI DE KUNCHONG GUANCHA JI

林义祥（嘎嘎）著
萧 昀 审订
张巍巍 简体中文版校订

责任编辑：陈 力 梁 涛　　版式设计：周 娟 钟 琛 何欢欢
责任校对：王 倩　　责任印刷：赵 晟

*

重庆大学出版社出版发行
出版人：饶帮华
社址：重庆市沙坪坝区大学城西路21号
邮编：401331
电话：(023) 88617190　88617185（中小学）
传真：(023) 88617186　88617166
网址：http://www.cqup.com.cn
邮箱：fxk@cqup.com.cn（营销中心）
全国新华书店经销
天津图文方嘉印刷有限公司印刷

*

开本：787mm×1092mm 1/16 印张：19.75 字数：332千
2019年1月第1版　2022年12月第3次印刷
印数：10 011—13 010
ISBN 978-7-5689-1374-4　　定价：99.80元

作者序

当你拿到这本书时，你最想知道的是书里到底会写些什么呢？是有关昆虫的行为？还是作者观察昆虫的记趣？

我一直是个摄影迷，但真正“踩”进昆虫摄影才 15 年，时间并不长，却对我的人生有很大改变。我开始注意大自然中微小的生命，然后反观自身，觉得要更谦卑地对待万物。我开始“架设”昆虫网站，疯狂地拍照以收集各式各样的昆虫，即使到现在已拍了 7 200 多种，相较于台湾已知的 22 000 多种昆虫，还不到总数的三分之一。我将它们全数转帖到网页，这些工作花了我大半辈子的时间，但我并不因此而满足，因为再多的昆虫，除了知道名字和外观外，我们对于昆虫还是很陌生的，而我最想知道的是昆虫与大自然和人类间的关系，它们在想些什么？那才是我想拍摄的照片的主题。

《椿象图鉴》荣获 2013 年“好书大家读”奖项，颁奖典礼那天我突然想到，可以用 100 个主题来写昆虫的行为，于是我写信给晨星出版社，很快便获得执行主编裕苗的同意。在写书的过程中，我想到一些问题，其实我并没有能力书写真正的“行为科学”，科学是要经过验证的，我只能透过观察、摄影与昆虫对话，这才是我的专长。

从海边到高山，从住家到陌生的荒野，我曾经多次一个人在 2 000 米的高山点灯，只为了寻找夜行性昆虫和蛾类。我不抓标本，但对于造访灯下的小虫子，即使小到 1.5 毫米也逃不过我的镜头捕捉。一连串观察结束后，我就在车上熄灯休息，群山瞬间恢复宁静，从清晨拍到深夜，这时才觉得好累，躺在车上一下子就睡着了。隔天，太阳还没升起，我就被鸟儿唤醒，接着又是一个全天的工作。

我对昆虫观察充满热情，每当观察到昆虫间的各种互动，总是会有多种趣味联想。例如，我曾见过一只黑棘蚁从芒草端爬过来，恰巧遇到平尾梭蝽挡路，蚂蚁犹豫片刻，似乎在说“嘿！大哥，借过一下！”，然而椿象根本懒得理它，这时小蚂蚁摆摆头，不客气地从它背上跨了过去。它的 6 只脚踩踏着椿象的胸部、头部、眼睛等，大大方方地朝着前方迈进，然而平尾梭蝽动也不动，仅张开眼看了一下，似乎是在嘀咕“真是一只不懂礼貌的蚂蚁”，然后闭起眼睛继续享受它的日光浴。

我非常喜欢这样观察昆虫，每个主题都有一个故事，拍照过程中会发生一些事情，我便用镜头呈现该焦点。直到现在，我一方面把昆虫拍得浪漫唯美，一方面也庆幸当初我的选择是正确的，那就是用“好奇”和“感动”记录所见所知的昆虫。

我也秉持着此心情来完成本书，以呈现给长期鼓励、支持我的朋友们，或许你早已从“嘎嘎昆虫网”看过这些故事，但这本书是我这辈子所拍数十万张照片的浓缩，对我而言是一份纪念，对于喜爱昆虫、生态摄影的朋友，或许也能带给他们一些启示。

最后，本书得以出版，要感谢萧昀协助审订，感谢长期使用“嘎嘎昆虫网”的小朋友、大朋友，以及不断提供信息与鉴定的学术专家，同时还要感谢家人的支持。

Contents 目录

Chapter 1

生命的奥秘

觅食行为大公开

Chapter 3

千变万化的美丽外衣

Chapter 4

栖身之所

Chapter 5

耐人寻味的有趣行为

Chapter 6

后代的繁衍

Chapter 7

生命的尽头

好奇心书系

生命的奥秘

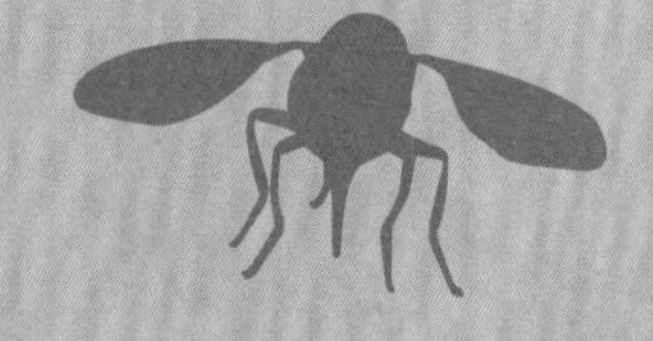

01

惊见螳蛉产卵

脉翅目 | 螳蛉科

台湾简脉螳蛉 *Necyla formosana*

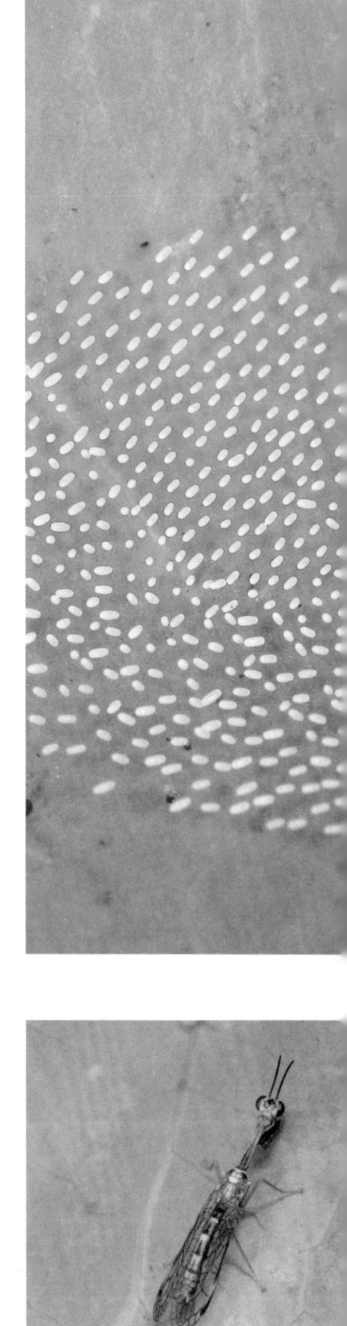

螳蛉头部宽大，具黑色的细颈，腹部肥胖，翅膀网丝状，左右各有一个醒目的痣斑，外观拟态螳螂。友人在其学校一棵茄苳树上发现螳蛉产卵，隔天我便开车南下，那时雌螳蛉已产下 800 多粒卵了。

原来螳蛉产卵时是将卵平铺于叶面，一次产下近千粒，实在惊人。卵呈线状排列，第一列 17 粒，前几列较松散，第八列以后排列紧密，有 25 粒。我们架设梯子爬到树上拍照，螳蛉虽受到闪光灯干扰但并未离开，待我回到车上拿另一个 65 毫米镜头回来时，螳蛉已经不见了。朋友说它飞走后还会再回来的，果真不久后螳蛉又回到了产卵处，看起来像在产卵或护卵。

原来以为卵是平铺于叶面，然而友人从侧面拍到在卵的下方有许多细丝，一粒卵约 0.3 毫米，其上有一个香肠般的结点，下端由一条肉眼看不到的丝线系

日期：2012 年 4 月 6 日
地点：白河（台南市）

1 2 3 | **1.** 台湾简脉螳蛉雄虫，腹端有一对尾突。**2.** 近千粒的卵规则平铺排列在叶面上。**3.** 隐约可见卵粒下方有条细丝撑着。

拍摄参数 F16 T 1 / 30 ISO400 闪光灯补光

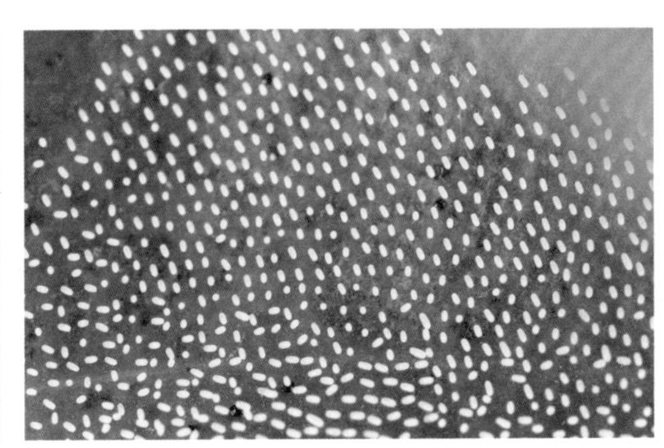

在叶上，丝纵长为卵粒的 2 ～ 3 倍，从窗口看过去仿佛是水晶矗立丛林中，也像是舞台上的水舞表演，如梦似幻，真是美丽啊！

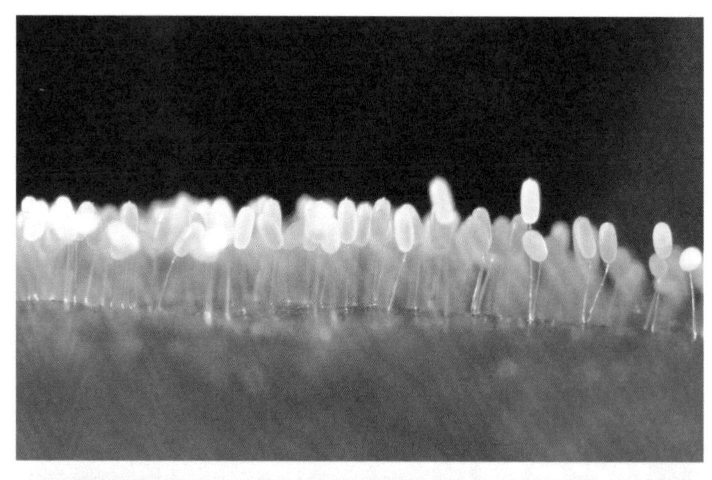

以 65 毫米微距镜从侧面拍摄，发现所有的卵都竖立起来，丝纵长为卵粒的 2 ～ 3 倍。

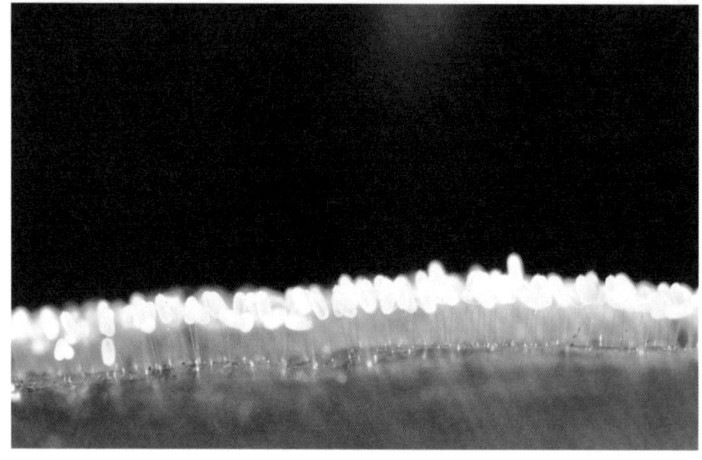

宛如舞台上的水舞表演，如梦似幻，真美啊！

主题延伸

与螳蛉一样属脉翅目昆虫的草蛉，它的卵也由很长的丝系着，目的是防止孵化后的幼虫自相残杀；卵离开地面也可能因透气而顺利孵化，或者防止天敌捕食。

拍摄地点 / 狮头山（苗栗）

拍摄参数 F16 T1 / 15 ISO400 闪光灯补光

02

青枫蚜虫胎生宝宝

半翅目 | 斑蚜科

青枫蚜虫

日期： 2012 年 3 月 2 日
地点： 三峡（新北市）

青枫树上发现一只有翅膀的蚜虫，它高举腹部以胎生方式，使尽力气将宝宝生下来。我赶紧架好脚架以慢速快门加闪光灯补光拍照，用 65 毫米的微距镜头即能清楚地拍摄到细节和自然光背景。当主体位于阴暗处时，被摄物能衬托出更鲜艳的色泽；当主体位于明亮处时，背景会变得较为柔和。

蚜虫妈妈用尽全身力气生下宝宝，并将其轻轻地放在枝条上。宝宝的腹部先着地，与哺乳类头部朝下不同。刚生下来的若虫呈绿色，能向前爬行寻找嫩叶吸食汁液，独立生活。

蚜虫又称“蜜虫”，能在吸食大量植物汁液后排出具有糖类的“蜜露”，供蚂蚁食用而形成“共生关系”。大多数蚜虫在春、夏季以孤雌生殖方式胎生，到了秋季，低温刺激下它们的下一代有了雄性，即可进行有性生殖。蚜虫通常无翅，但当寄主环境变差或蚜虫数量过大而拥挤时，某些种类的蚜虫会有具翅膀的后代，以扩散到其他的食物源领域。

主体位于明亮处时，蚜虫便呈现柔和自然的背景。

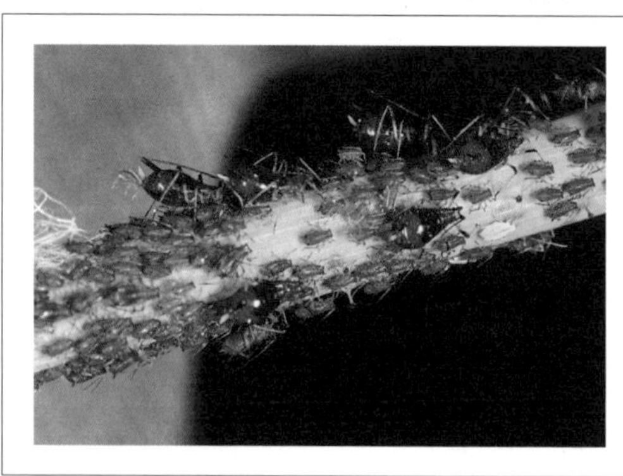

主题延伸

白尾红蚜，身体呈红色，腹管黑色，尾片白色。当春天来临，无翅的成虫以胎生方式繁殖下一代。这是一种常见的蚜虫，寄主于昭和草、山萵苣、兔儿菜等菊科植物，集体群居，终年可见。

拍摄地点/水上（嘉义）

1
2 3
4

1. 若对着阴暗处拍主体，背景变黑了，但主体的色泽和斑纹变得更加丰富鲜艳。**2.** 青枫蚜虫以胎生的方式将小宝宝生出来，轻放在枝条上，前后约 10 分钟。**3.** 蚜虫妈妈有点累地向前倾斜，若虫一生出来就能爬行。**4.** 刚生下来的若虫呈现绿色，它正向前爬行寻找嫩叶以吸食植物汁液，开始过起了独立生活。

03

桔小实蝇产卵

双翅目 | 实蝇科

桔小实蝇 *Bactrocera dorsalis*

中秋假期时，我在小南海湖边发现一种番荔枝科的鹰爪花果实上有一只桔小实蝇。雌虫在果实上来回爬行，直到静止在某一个点，我才弄懂了它想做什么。

桔小实蝇在一个旧的小洞上伸出产卵管准备产卵，产下卵后离开，然后在果实上面绕了一圈又回到原来的位置，继续在相同的小洞产卵。在观察的 6 分钟之内，这只实蝇总共产卵 6 次，每次产卵后都会绕着果面爬行，但总在相同的位置或旧洞上产卵，不会另觅新洞。

它产卵时很专注，这让我有机会拍到各种角度的画面。地面有许多掉落的熟果，拨开其中一个发现有数只像蛆般的幼虫，果肉被咀出许多凹陷的坑洞，原来是遭桔小实蝇产卵后的果实很快就会掉落。幼虫渐

日期：2007 年 9 月 22 日
地点：小南海（台南）

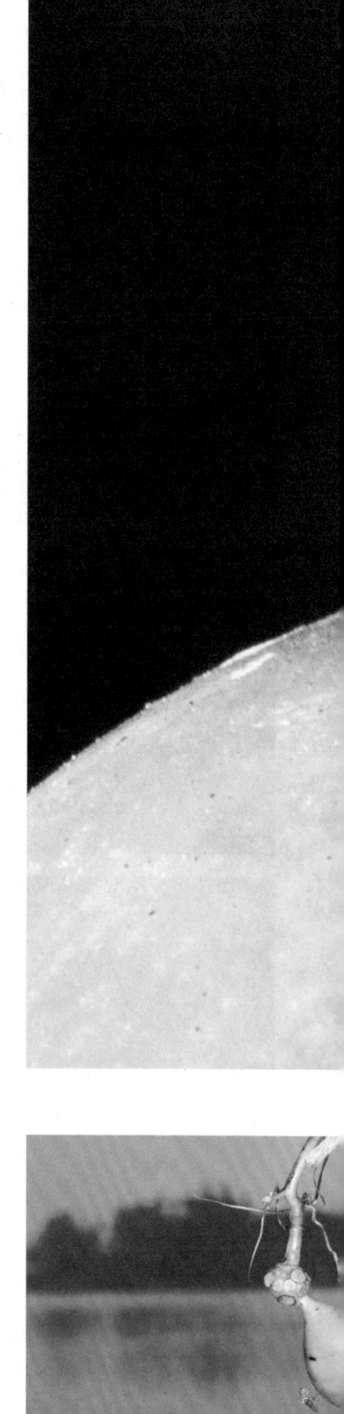

1 2 3 | **1.** 在台南小南海的湖边散步时，我发现这种鹰爪花的果实上有一只桔小实蝇。**2.** 雌虫在果实上来回爬行，直到静止在某一个点，我才弄懂它想做什么。**3.** 雌虫在一个小洞上产卵，我以侧面角度拍摄。

拍摄参数 F11 T1 / 100 ISO200 闪光灯补光

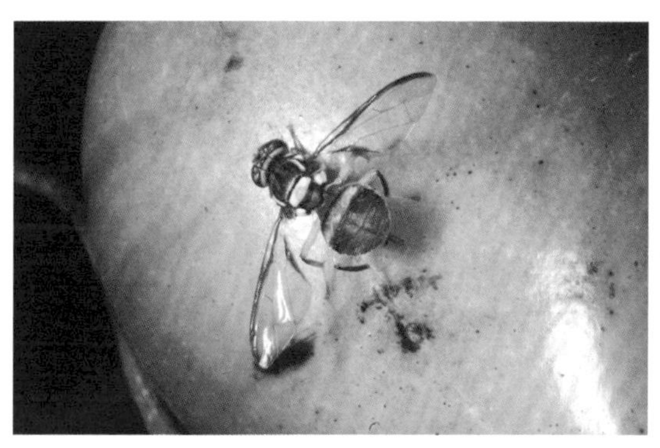

从后方角度拍摄，光线更漂亮。产卵管准备插入洞内，果实上可见多个洞排列成一条直线。

至终龄，黄色的果肉也变成了黑色，我曾发现一只成熟的幼虫竟是用跳的方式从果实里出来。在地面跳了几下后，随即钻进枯叶的底层，不久后它应该会在地底下化蛹了吧！

被产卵后的果实不久就会掉落，地面有许多掉落的熟果，拨开其中一颗发现里面有好几只像蛆般的幼虫。

主题延伸

东方实蝇挤在九层塔的枝条上，这些都是雄虫，九层塔含有一种被称为“丁香酚”的成分，这种成分能吸引雌虫，所以雄虫才来摄取。“甲基丁香酚”在农业上可用于生物防治，实蝇的雄虫会被诱杀。

拍摄地点／水上（嘉义）

拍摄参数 F16 T1 / 60 ISO200 闪光灯补光

04

茄二十八星瓢虫产卵

鞘翅目 | 瓢虫科

茄二十八星瓢虫

Henosepilachna vigintioctopunctata

日期：2009 年 8 月 27 日
地点：南庄（苗栗）

茄二十八星瓢虫是一种常见瓢虫，植食性，喜欢吃龙葵和茄科植物，几乎有龙葵的地方就能看到它的踪影，成虫和幼虫群聚将叶子咬得千疮百孔。由于数量众多，许多拍照的人对其总是视而不见。

一天，和友人到苗栗山区，朋友发现草丛里的茄二十八星瓢虫产卵了。我从腹端近距离拍了一张，突然有一种说不出的感动，因此决定将整个产卵过程拍摄下来。但实际情况并不

容易，因为瓢虫妈妈产卵速度很快，发现时已经产下了 7 粒卵，不到 10 秒钟就产下了 10 粒，大约每秒钟产下一粒卵。由于景深的原因对焦有点困难，我便不断地按压快门，最后终于拍到一张瓢虫妈妈从腹端产卵的瞬间的照片。

瓢虫妈妈产卵前会先在叶面铺上黏液以利卵附着，卵是竖立的。我总是贪婪地近拍半身像，还来不及拍摄全景，瓢虫妈妈就产完卵准备离开，这让我有点意犹未尽。之后赶紧换上另一个镜头补拍全景，这时瓢虫妈妈已经躲到了隐秘的枝叶里，叶面留下 37 颗晶莹剔透的黄色卵粒，等待着在美好的一天孵化。

2
1 3
4

1. 发现茄二十八星瓢虫时，它已经产下 7 粒卵。**2.** 瓢虫妈妈产卵前会先在叶面铺上黏液，再产卵附着，卵是竖立的。**3.** 平均每一秒钟产下一粒卵，产卵速度惊人。**4.** 还来不及拍摄全景，瓢虫妈妈就已经产完卵准备离开。

主题延伸

六斑月瓢虫为肉食性昆虫，以猎捕蚜虫为食。我在礁溪路边看到龙葵，便翻动叶子寻找，但却不是茄二十八星瓢虫的幼虫，而是六斑月瓢虫正在大快朵颐茄二十八星瓢虫的卵。

拍摄地点 / 礁溪（宜兰）

拍摄参数 F16 T1 / 30 ISO200 闪光灯补光

05

各种蝴蝶的卵

鳞翅目 | 凤蝶科

黄裳凤蝶 *Troides aeacus formosanus*

日期：2011 年 9 月 20 日
地点：大坪国小（新竹）

蝴蝶主要分为凤蝶科、粉蝶科、灰蝶科、蛱蝶科和弄蝶科，各科有些共同特征，只要掌握大小、颜色、斑纹和姿态等重点，大概就能辨识其为哪种蝶类。

除了欣赏蝴蝶的姿态外，其生活史也很有趣。蝴蝶的卵很小，却是摄影同好喜爱的题材。拍卵要用大约 100 毫米的微距镜，再加一个倍镜就行了，不过最好搭配微距镜专用的闪光灯，因为景深浅，使用最小光圈时若没有足够的光源，就不容易拍好。

每张照片对我来说都有一段故事。昔日在服务的学校校门口有盆玉兰花，我发现青带凤蝶飞来产卵，有 4 粒卵被产在枝条上，过了几天再来观察，竟只剩 2 粒，难道被鸟吃了吗？因为附近常有白头翁飞来，幼虫会被吃掉，卵也有可能被吃吧！

卵粒透过微距镜放大看起来很壮观，各种不同科的卵也各具特色，像黄裳凤蝶的卵颜色最鲜艳，斑蝶的卵最大像炮弹，粉蝶的卵狭长像一盏美术灯，小灰蝶的卵犹如小白球。这些照片相当值得我们一看再看，每次观赏都有不同的乐趣。

黄裳凤蝶有闪亮的黄色斑纹。垦丁（屏东）

主题延伸

台湾的蛾类有 4 000 余种，其卵的形态更是多样。大灰枯叶蛾的卵呈圆形，端部有枚圆形褐斑，放大看像是一篮鸡蛋。成虫趋光，常见于灯光下产卵。图中的一颗卵可能遭某种天敌寄生，已破壳羽化。

拍摄地点 / 乌来（新北市）

青凤蝶产卵于玉兰花的枝条。瑞芳（新北市）

大帛斑蝶的卵最大，像炮弹。木栅（新北市）

琉璃蛱蝶的卵呈绿色，白色条纹让它看起来像杨桃。安坑（新北市）

鹤顶粉蝶的卵狭长，像一盏橙色的美术灯。安坑（新北市）

雾社金灰蝶的卵置于寄主植物休眠芽间，如小白球般。拉拉山（桃园）

发现于鱼木上的纤粉蝶的卵粒，淡绿色的外观如琉璃般，十分精致。土城（新北市）

睇暮眼蝶的卵呈圆形，如宝石般，于台风草上可见。蓬莱（苗栗）

发现于黄椰子上的串珠环蝶卵粒，其外观呈白色透明状，有浅红色条纹。内湖（台北）

拍摄参数 F5.6 T1 / 250 ISO400 自然光源

06

柑橘凤蝶产卵

鳞翅目 | 凤蝶科

柑橘凤蝶 *Papilio xuthus*

日期：2004 年 7 月 16 日

地点：瑞芳（新北市）

这是我很喜欢的一张照片，那年刚买单眼相机，在我服务的学校花园里看到柑橘凤蝶，便立刻跑过去拍摄。柑橘凤蝶在 3 株柑橘树周围飞，它以脚探取适合的叶片，将卵产在嫩叶或叶背，然后快速飞离。同样的动作进行了数次，但我只有一次机会近距离对焦并拍到绿色背景的柑橘凤蝶。在那个年代出产的相机对焦速度没有现在的快，现在想到柑橘凤蝶产卵的瞬间和优美的姿态被记录下来，还真令人怀念。

蝴蝶的复眼内侧及触角具有嗅觉功能，可辨认 1 千米以外花朵的香味。它的足部除了攀附、步行功能外，也能分辨味道，尤其前足密布着味觉感受器可辨识寄主，因此说蝴蝶妈妈产卵时用“脚”来寻找适合的植物一点也不夸张。

要拍到蝴蝶产卵并不容易，有些种类的蝴蝶只在隐秘的环境下产卵，产卵时间都很短，通常在一片叶上只会产下一粒卵，分散产卵可避免产卵时被天敌猎捕，或幼虫孵化后彼此争食。

1. 柑橘凤蝶的触角能辨识寄主植物的气味。**2.** 香蕉弄蝶在晨、昏时飞到香蕉叶背产卵，一次产 2 粒卵便飞离。

主题延伸

食蚜蝇幼虫以蚜虫为食，雌虫会选择蚜虫栖息的环境产卵，成虫外观像蜜蜂，只吃花粉和花蜜。对农夫来说，这种食蚜蝇成虫可帮助农作物授粉，幼虫能消灭蚜虫等害虫，所以它们是农夫的好帮手。

拍摄地点 / 关子岭（台南）

1
2 3
4 5

1. 雅灰蝶在台湾葛藤的花苞上产卵，幼虫取食花苞、花瓣，甚至连未成熟的果实也吃。它在产下卵粒后，会从尾端分泌胶状泡沫，将卵包在里面保护。五寮（新北市）**2.** 迁粉蝶产卵于铁刀木的新芽上，一次产下一粒，卵孵化时嫩叶刚好长出，适时提供足够的食物给幼虫吃。**3.** 斐豹蛱蝶产卵于堇菜科植物，这种植物矮小，掺杂在杂乱的草丛中，它靠着敏锐的嗅觉找到寄主产卵。泰平（新北市）**4.** 异型紫斑蝶产卵，幼虫寄主桑科的正榕、台湾榕、薜荔、天仙果等多种植物。南回公路（台东）**5.** 长腹灰蝶在垦丁公园很常见，雌虫产卵于寄主花苞，幼虫以爵床科和马鞭草科的植物为寄主。垦丁（屏东）

拍摄参数 F16 T1 / 30 ISO200 闪光灯补光

07

奎宁角盲蝽产卵

半翅目 | 盲蝽科

奎宁角盲蝽 *Helopeltis cinchonae*

日期：2004 年 12 月 29 日
地点：甘露寺（新北市）

接连好几天都是又湿又冷的天气，闷在家里受不了，无论如何今天都要出去走一走，于是裹着大衣前往甘露寺。今早人少，路边的野草也受不了天寒地冻，只见一些蚜虫，芒草端挂着几只斑蝗的尸体，场景有点凄凉。

忽然发现蕨类的叶柄上有一只落单的奎宁角盲蝽，我猜是冻死了，近看却见它动了一下，再仔细观察，它竟然摇摆着身体——忽左忽右、忽前忽后地摆动，看了很久才恍然大悟，原来是在产卵。这个画面好动人啊！椿象妈妈是怎样将产卵管插进坚硬的叶柄的呢？看它使尽全身力气般地摇摆身体，将产卵管戳进叶柄，好久好久才拔出产卵管，然后有气无力地飞到一旁休息。

奎宁角盲蝽并不像一般昆虫把卵产在叶背，而是选择坚硬的叶柄给宝宝栖息，卵藏在叶柄里安全且舒适。我们常忽略这些卑微的小虫，看过照片你不觉得昆虫的母爱跟人类一样，为了下一代所付出的牺牲是相同的吗？

奎宁角盲蝽，雌雄异色，雄黑雌褐。信贤（新北市）

主题延伸

奎宁角盲蝽是半翅目，盲蝽科，“盲”是指没有单眼，但仍有复眼，视力是正常的。停栖时各脚会缩在身体两侧，小盾片上还有一根像天线的管子，外观像一堆枯枝，它以这种姿态伪装。

拍摄地点/山中湖（新北市）

1
2
3

1. 奎宁角盲蝽在寒冷的冬天，将产卵管插进坚硬的叶柄里。土城（新北市）**2.** 它使尽全身的力气，忽左忽右、忽前忽后地摇摆身体。土城（新北市）**3.** 前后约 10 分钟才完成产卵。卵藏在叶柄里，孵化的若虫吸食植物汁液。躲在那个不算小的空间，舒适又安全，也不怕天敌骚扰。土城（新北市）

拍摄参数 F5.6 T1 / 125 ISO400 自然光源

08

棕长颈卷叶象筑巢记

鞘翅目 | 卷象科

棕长颈卷叶象

Paratrachelophorus nodicornis

日期：2004 年 4 月 16 日

地点：瑞芳（新北市）

在我服务的学校，校长告诉我山茶花上有一只漂亮的象鼻虫，并要带我去看。啊！这是棕长颈卷叶象要筑巢了，它会做一个像摇篮一样的“家”给宝宝住。我决定记录整个过程，从上午 8 点到 11 点 50 分，我陪着它筑巢、产卵，拍下 150 多张照片，若换成影片，片长是 3 小时 50 分。

看完整个筑巢过程，内心的感动难以用笔墨形容。长颈卷叶象妈妈选定这片不太嫩也不

1. 卷叶象选定这片不太嫩也不太老的叶子，从上端割下一道切线。

2. 它在叶面戳洞破坏组织，以利于折叶作业。

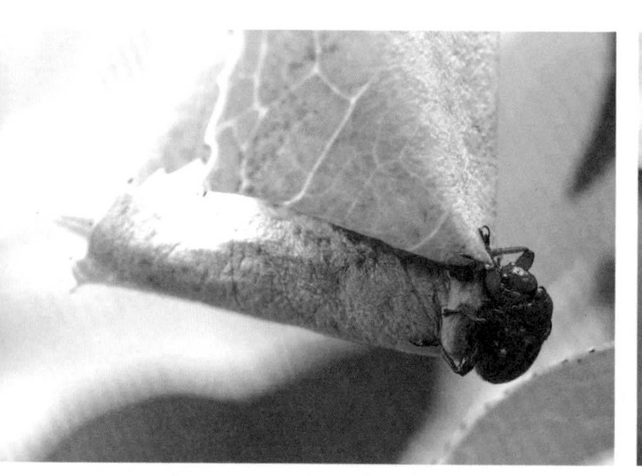

5. 卷叶象鬼斧神工的创作，超出我们的想象。

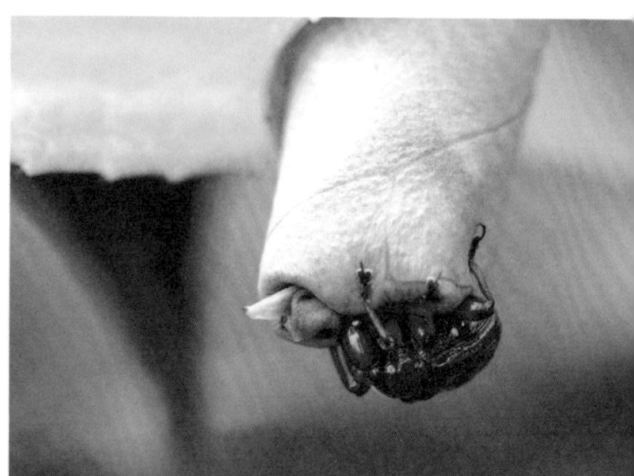

6. 最后它用顶封口。卷叶象筑巢的方法完全是物理现象，跟什么黏液都扯不上关系，这种智慧是谁教它的呢？

太老的叶子，从上端割下一道切线，刹那间树叶被一分为二。它在叶片上低着头来回走动约 40 分钟，我以为它是肚子饿吃了起来，但不是，它是将叶片戳了一个个小洞，目的是破坏叶片组织。又经过 40 分钟，它爬至叶端开始用脚卷叶，再以头顶住折叶的地方，让卷叶不会弹回去。过了很久，它将卵产在卷叶里，休息片刻后又继续卷叶工程。11 点 20 分它将最后的叶尖收进卷叶里，细心的妈妈还上下检查，确认安全无虞，才整理身体、梳洗脸面，然后仰起头飞离。

3. 对它来说，利用双脚折叶是很辛苦的。

4. 在卷叶里产下一粒卵后，爬到上方休息。

7. 卷叶象费了 3 小时 50 分筑巢完毕后飞离。

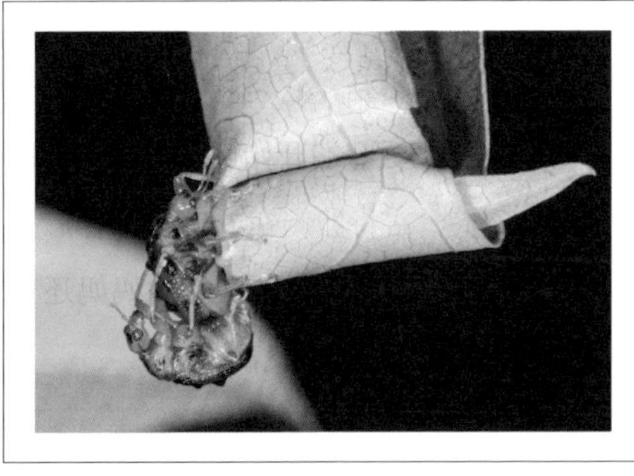

主题延伸

黑点卷叶象也会筑“摇篮”巢，不过它可能更辛苦了！雄虫爬到“老婆”背上，一点也不懂体贴。我们可以想象雌虫筑巢所付出的艰辛，再背着跟它一样体重的“老公”，那是何等的沉重啊！

拍摄地点 / 三峡（新北市）

09

栗黄枯叶蛾产卵

鳞翅目 | 枯叶蛾科

栗黄枯叶蛾 *Trabala vishnou guttata*

这天跟台北市政府一群生态保育志工到阳明山苗圃赏虫，有人发现一只外形奇怪的毛毛虫，可是没有动，试着掀开它的腹部竟断成两截，但却让我清楚地看到覆盖在毛丛底下的东西，原来不是毛毛虫，而是栗黄枯叶蛾的卵列。

栗黄枯叶蛾雌雄异色，雄虫绿色，雌虫黄色，停栖时后翅前缘会明显超过前翅。雌虫产卵很特别，卵粒排列成条状，上面附着雌蛾妈妈腹部末端的毛状鳞片，这是产卵时脱落黏在卵上的，看起来像是绳子，又像是一只不怎么好吃的毛毛虫，让天敌看了没了胃口。

蛾类的卵通常呈圆形，裸露。以大灰枯叶蛾来说，它可一次产下200多粒卵，在没有伪装的保护下，

日期： 2007年6月3日
地点： 阳明山（台北）

1 2 3 | **1.** 栗黄枯叶蛾，雄虫绿色。观雾（新竹）**2.** 卵列上覆着雌蛾妈妈腹部末端的毛状鳞片，形态像一条不怎么好吃的毛毛虫。**3.** 卵圆形，雌蛾妈妈在产卵时将鳞片“拔”起黏在卵上。

拍摄参数 F8 T1 / 60 ISO400 闪光灯补光

只有极少数的卵能孵化成功，其他将被天敌捕食。栗黄枯叶蛾的卵产量不多，但受到毛状鳞片保护，孵化的成功率显然较高，而幼虫和蛹的毛刺对天敌也会造成威胁，加上利用多种植物寄主，所以这种蛾成为优势种，幼虫到处可见，数量很多。

幼虫具多种颜色，有吓人的长毛，但使人皮肤过敏的部分并不是长毛，而是藏在里面的短毛。关渡（台北）

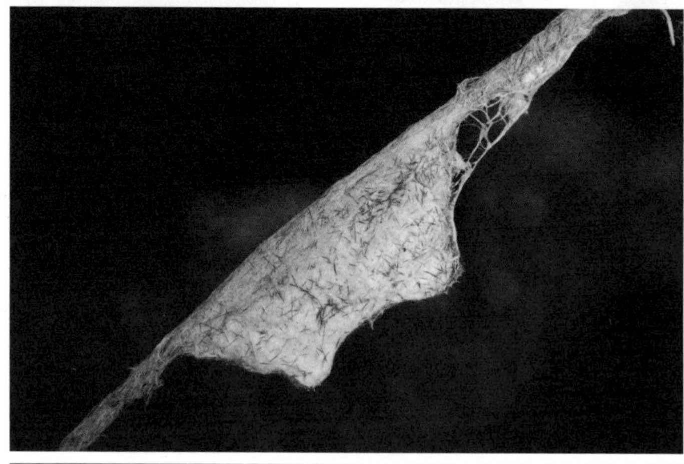

蛹受到茧的保护，呈袋状。终龄幼虫也是以身上的毛编织而成，外观看起来很坚固，这可是它忍痛“拔”毛化蛹的伟大创作喔！竹南（苗栗）

主题延伸

姬白污灯蛾产卵时以平铺方式排列，这些卵也受到蛾妈妈的爱心保护。它会“拔”下自己腹部的鳞毛覆盖在卵上。卵孵化后，幼虫以观音坐莲的叶片为食。头部红色，体背黑色具刺突，俗称“小红豆”。

拍摄地点/石壁（云林）

拍摄参数 F16 T1 / 60 ISO100 闪光灯光源

010

九香虫护卵

半翅目 | 兜蝽科

九香虫 *Coridius chinensis*

日期： 2007 年 5 月 31 日
地点： 南庄（苗栗）

发现这只九香虫时，它已产完 28 粒卵，卵白色，块状，呈长条状排列。我拨开杂草近距离拍摄，闪光灯并没惊动它，相反地，它高举右后脚，碰触卵列后又举左后脚去碰触。突然感到一种不安，这种心情来自于九香虫妈妈对我透露的讯息，虽然看不懂它的表情，但可以感觉到它更坚定地守护卵列，完全不怕我——这发自母爱的本能护卵。我退回去，告诉自己，不应该贪心，也许可以再拍得更漂亮些，但对于眼前的情景，用心体会有时更甚于影像本身。

常在山上遇到一群人围着一只小灰蝶拼命地按快门，小灰蝶受到强光干扰，一时反应不及导致动弹不得，这一群贪婪的“摄影师”便以各种角度和闪光灯拍摄，直到小灰蝶飞走才肯罢休。有时我也会用这种人类本位的价值猎取所需，但随着年龄的增长，我愈发觉得用这种态度对待动物是不好的，我们应该向大自然学习，以更谦卑的心去看待这些小虫。

九香虫，兜蝽科，触角端部黄色。

主题延伸

角盾蝽也很有“母爱”，雌虫护卵、护幼时间很久。从多次观察中，我怀疑它的体色是否跟某些鸟类育雏一样，体背会失去光泽或斑纹消失以隐藏于环境之中，避免被天敌捕食。

拍摄地点/瑞芳（新北市）

1
2
3

1. 九香虫以右后脚触碰卵粒，检查一下卵有没有被偷走。**2.** 接着再以左后脚碰触卵粒，确定卵安全才安心。**3.** 九香虫的卵呈块状，白色，排列成长条状。

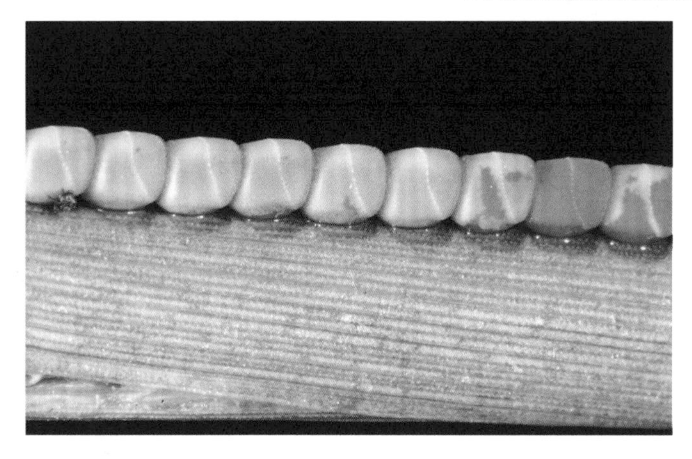

011

负子蝽爸爸育婴记

半翅目 | 负蝽科

负子蝽 *Diplonychus esakii*

住在北埔的友人带我到一个他所熟悉的池塘，池面长满浮萍等水生植物，他用网子往水底捞，每一次都捞到了几只负子蝽，我便将它们放在容器里拍照。

其中有只负子蝽为雄虫，背上背着将近 70 粒卵，卵呈长筒状，淡黄褐色，这些卵从负子蝽爸爸的前胸背板紧密排列到腹端。

负子蝽栖息于池塘、沼泽或水田里，雌虫不会背卵，而是将卵产在“老公”的背上。为了防止这些卵掉落，在产卵前雌虫会先铺上胶状物质以附着卵粒。产完卵后，照顾宝宝的责任就由雄虫一肩扛起，直到孵化，若虫能独立生活后才会离开。这段约两周的“育婴期”，负子蝽爸爸必须保护卵粒不受到天敌猎食，并不断浮出水面让卵获取适量的空气。

日期： 2006 年 10 月 12 日
地点： 北埔（新竹）

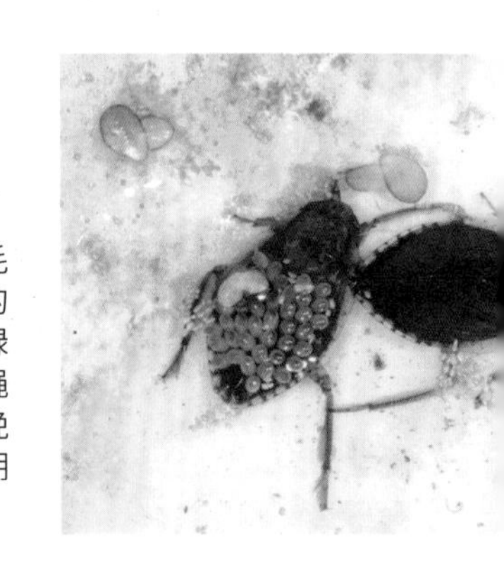

1 2 3 | **1.** 负子蝽靠腹部的气孔呼吸，体侧有细小的毛丛能阻隔水形成空气膜，而其腹端也有短小的呼吸管，可浮出水面呼吸。**2.** 若虫身体为淡绿色，无翅，生活于水中，以捕食小鱼、蚊、蝇或蜻蜓的稚虫为食。**3.** 负子蝽也会趋光，夜晚在灯光下可发现它们的踪影，但它们不能长期处在没有水分的环境中，所以会再飞回池塘。六甲（台南）

拍摄参数 F8 T1 / 100 ISO200 闪光灯补光

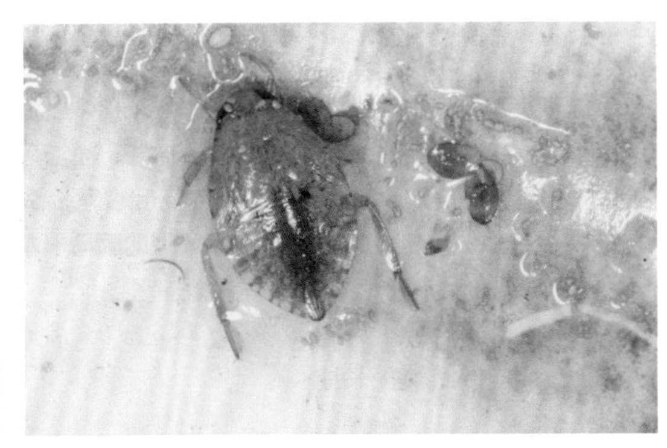

有人认为负子蝽妈妈太不负责任，其实这么说就有点不公平了，因为负子蝽妈妈无法将卵产在自己的背上，卵也不能产在水中，否则会因为没有空气而无法孵化，只好托人照顾，因此负子蝽爸爸便成为广为人知的“模范父亲”了！

负子蝽雄虫，细心尽职的“模范父亲”。

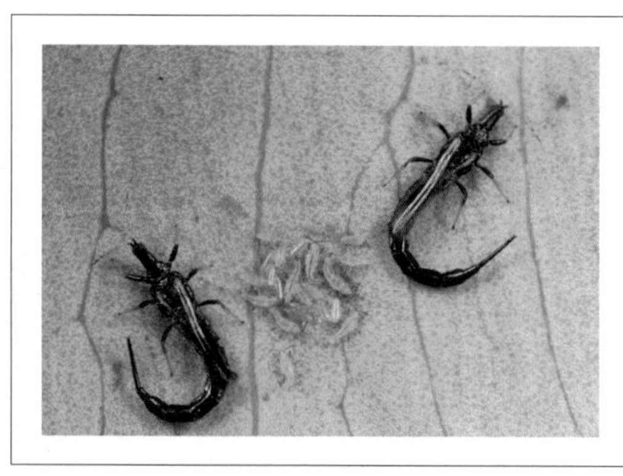

主题延伸

榕蓟马身体细长，触角念珠状，口器锉吸式，翅膀羽缨状，不擅飞行，通常以卷叶为巢，若虫与成虫混居。我在龟山岛拍到非卷叶式的栖息，2 只大型的蓟马一左一右保护着若虫，这种行为很特别。

拍摄地点 / 龟山岛（宜兰）

拍摄参数 F8 T1 / 125 ISO400 闪光灯补光

012

苎麻珍蝶产卵

鳞翅目 | 蛱蝶科

苎麻珍蝶 *Acraea issoria formosana*

日期：2014 年 8 月 9 日
地点：北横（桃园）

在北横苏乐桥上拍到一只苎麻珍蝶，当时苏乐桥还没被冲毁，附近蝴蝶很多，现在盖了新桥，河床变宽了，但生态环境已不如从前。

苎麻珍蝶将卵产在寄主植物的叶背上，一次产下约 200 粒卵，卵黄色。苎麻珍蝶并不像一般蝴蝶一样一次只产下一粒卵，而是一口气将肚子里的卵通通产下，这样的行为要花很多时间且消耗体力，也容易遭受天敌捕食。

我观察了很久，生怕干扰到它，事实上它专注产卵，似乎不在意有人窥视。当卵已产得差不多，即将大功告成之际，它竟从叶片上掉落，由于桥下是溪流，我无法看到苎麻珍蝶是否被水冲走，也许被树枝挡下来了。蝴蝶产卵总是来去匆匆，想看清楚并不容易，但它与众不同，一次把所有的卵产在同一片叶子上，还好幼虫寄主的荨麻科植物并不匮乏，足够养活上百只幼虫直到羽化。

每次看到苎麻珍蝶，脑海里就浮现出苎麻珍蝶妈妈产卵和掉落溪谷的画面，对我来说照片不再有美与不美的问题，而是照片背后所引发的感动。

幼虫群聚，声势之浩大让天敌不敢靠近。观雾（新竹）

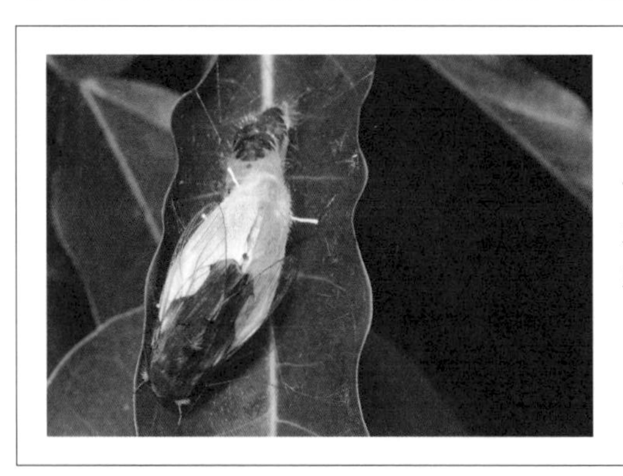

主题延伸

榕透翅毒蛾，雌虫黄白色，雄虫黑褐色，翅膀透明。幼虫以桑科榕属植物为寄主，刚羽化的雌虫立刻被在一旁等待的雄虫交尾。

拍摄地点/瑞芳（新北市）

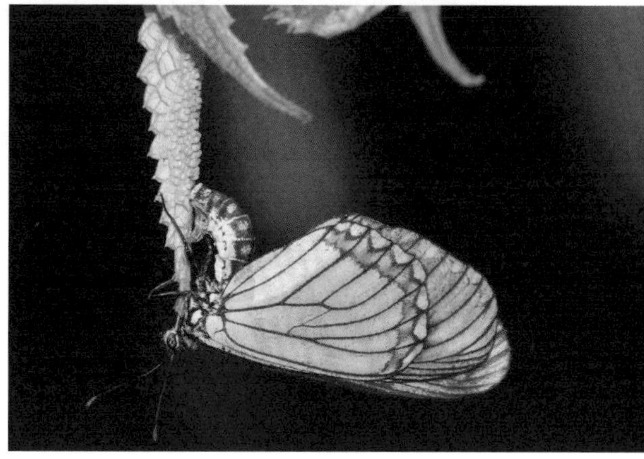

1
2 3

1. 雄蝶体形比雌蝶小很多。佐仓（花莲） **2.** 雌苎麻珍蝶刚羽化，在旁等候的雄蝶立刻上前交尾。瑞芳（新北市） **3.** 交尾后，雄蝶会将锥形的受精囊硬块留在雌蝶腹部的交尾孔上，让其他雄蝶无法来交尾，以确保自己的基因能够留传。

拍摄参数 F8 T1 / 60 ISO400 闪光灯补光

013
黑点白蚕蛾的卵

鳞翅目 | 蚕蛾科

黑点白蚕蛾 *Ernolatia moorei*

日期：2010 年 7 月 28 日
地点：太极岭（新北市）

山上有一棵榕树，树叶被虫咬得千疮百孔，有人在树下活动，却不知道这棵榕树被一种名为黑点白蚕蛾的昆虫啃食。这种虫外观很像家蚕，俗称“野蚕蛾”。

如果靠近观察，你会惊讶地看到树干、树枝布满了粗壮的毛毛虫，其身体颜色和树皮几乎一模一样。天啊！数百只毛毛虫附着在树干上，我们怎么都没发现呢？观察整棵树，发现好多黑点白蚕蛾的卵，卵呈条状，排成 9 ～ 10

列，有 5 ～ 6 层堆栈，卵上有一些毛状鳞片，晶莹剔透散发出生命的光泽。我又找到很多白色蚕茧，椭圆形，有些在叶上，有些在树根或栏杆隙缝里。

也许你看到那些令人作呕的毛毛虫，就不再有兴趣观察这一棵树了。对于昆虫，我们不应有美和丑的成见，因为生命都是平等的。其实照片拍出来的卵非常漂亮，也许你看了会改变观点，而以“不分别心”“欢喜心”接受这些幼虫、成虫，以及这棵树的故事。

黑点白蚕蛾，成虫白色，翅端有一枚黑色斑点。太极岭（新北市）

主题延伸

树上可发现许多与食物链有关的昆虫。叉角厉蝽以刺吸式口器吸食黑点白蚕蛾的蛹，釉小蜂以蛹寄生，一只植食性的东方白点花金龟也将头部钻进蛹里，它们都是黑点白蚕蛾的天敌。

拍摄地点 / 太极岭（新北市）

1 2
3 4
5 6

1. 这棵榕树被虫咬得千疮百孔。**2.** 树干布满了粗壮的毛毛虫，体色几乎跟树皮一模一样，这种伪装伎俩实在太高明了。**3.** 黑点白蚕蛾的卵产在树干上，以条状排列。**4.** 晶莹剔透的卵像一串串项链。**5.** 卵若产在枝条上，会以5～6层堆栈起来。**6.** 黑点白蚕蛾的茧呈白色，椭圆形，形态很像家蚕的茧。

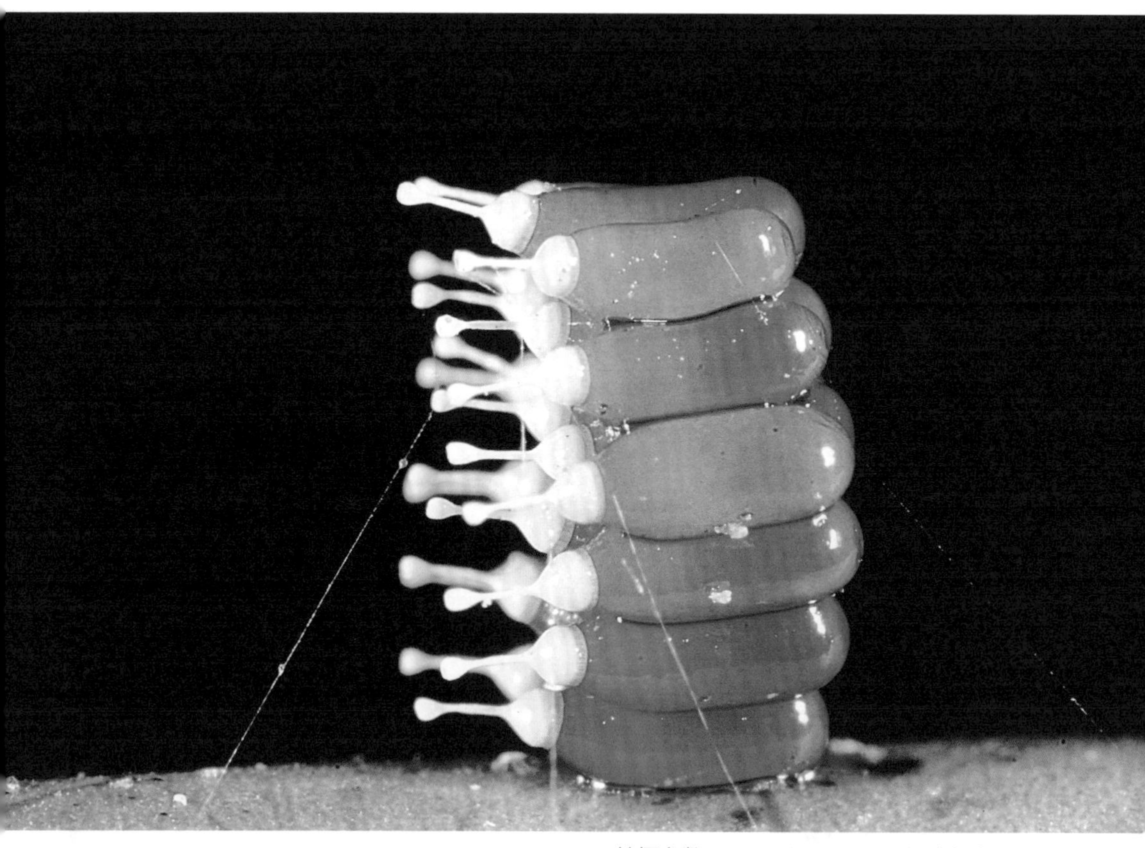

拍摄参数 F16 T1/60 ISO200 闪光灯光源

014

白斑素猎蝽的番茄汁奶瓶

半翅目 | 猎蝽科

白斑素猎蝽 *Epidaus sexspinus*

日期：2005 年 11 月 6 日
地点：乌来（新北市）

我在乌来山区的一棵树上，发现其叶片的背面有一堆椿象的卵，呈瓶子状，其端部有个奶嘴状的盖子，模样像是装了西红柿汁的奶瓶。我用微距镜搭配闪光拍下来，画面颜色鲜艳，栩栩如生。

“番茄汁奶瓶”共有 14 个，左右各 7 个堆栈，后来才知道这是白斑素猎蝽的卵，从此我开始拍照收集各种椿象的卵。

椿象的卵因科别不同，故形态和颜色也各异其趣。黑竹缘蝽的卵排成两列很像项链；瘤缘蝽的卵像鱼肝油丸；华沟盾蝽的卵像玻璃珠；筛豆龟蝽的卵盖有锯齿，有些卵像蛋黄酥，有些散发出金属光泽。这些形态各异的卵都有一个共同特征，那就是卵上有个盖子，这是与其他昆虫的卵最不一样的特征。原来椿象的口器是刺吸式的，刚孵化的若虫不具大颚无法咬破卵壳，因此需要一个盖子，再用“破卵器”将盖子顶开爬出来。你是不是觉得它们很有趣呢！

白斑素猎蝽的前胸背板有4枚棘刺，体背布满白斑。溪头（南投）

主题延伸

许多椿象的卵的上方都有一个盖子，孵化的若虫就是用头顶的骨化破卵器，将卵盖顶开爬出来，这个黑色的破卵器就留在壳上，卵壳边缘整齐。卵若是被寄生蜂寄生，羽化时就是直接以大颚咬破，壳口会呈不规则碎裂。

拍摄地点/观雾（新竹）

1 2
3 4

1. 白斑素猎蝽的卵高高堆栈，有些许丝线缠绕，可能是用来固定以避免倾倒。崁头山（台南）**2.** 黑角嗯猎蝽的卵紧密堆栈，像片状的仙人掌。北埔（新竹）**3.** 瘤缘蝽的卵呈椭圆形，分散排列，像许多鱼肝油丸。梅山（嘉义）**4.** 黑竹缘蝽的卵呈长条状，很像项链。大武山（台东）

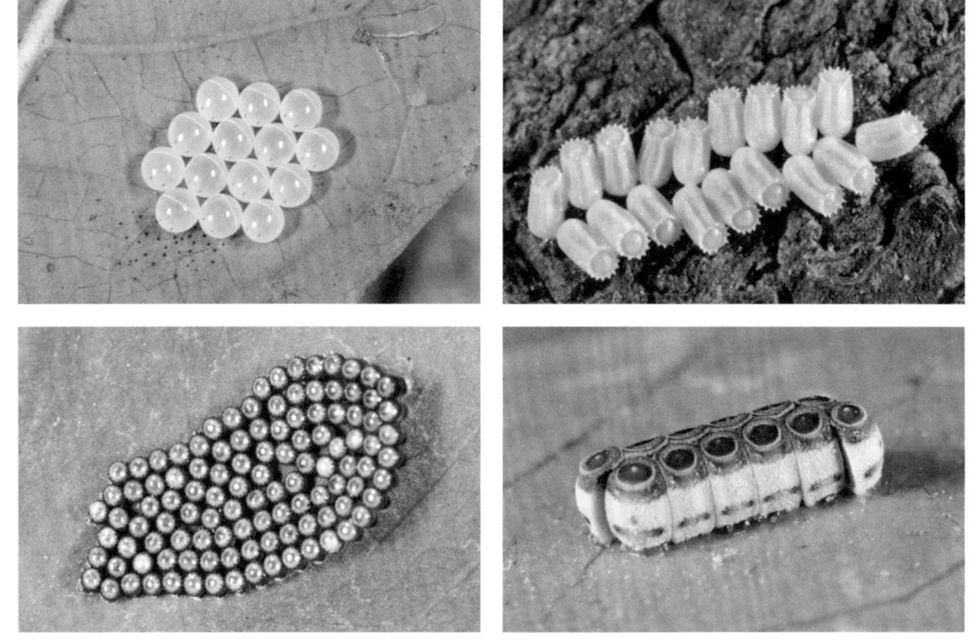

1 2
3 4

1. 盾蝽的卵外形像是玻璃珠。利嘉（台东）**2.** 筛豆龟蝽的卵呈白色，盖子边缘有锯齿。中和（新北市）**3.** 厉蝽的卵具金属光泽。草岭（云林）**4.** 彩蝽的卵像药罐子。大坑（台中）

拍摄参数 F16 T1 / 60 ISO200 闪光灯光源

015

麻皮蝽的圆桌会议

半翅目 | 蝽科

麻皮蝽 *Erthesina fullo*

日期：2011 年 5 月 9 日
地点：淡水（新北市）

麻皮蝽常见于台湾栾树等多种行道树上吸食树液，由于数量庞大，引发了“虫虫危机”的话题讨论。在麻皮蝽寄主植物树干或地面可找到卵和不同龄的若虫，其中若虫孵化后围聚在空壳旁，像召开一场圆桌会议般极为有趣，许多摄影同好都拍过这个画面。

初龄若虫外观橙红色具黑色横纹，有趣的是卵几乎都是 12 粒，以 3-4-3-2 的顺序排列，靠右边 3 粒，靠左边是 2 粒。卵淡黄绿色，孵化后的空壳呈白色，上方有一个圆形的盖子，完全打开或只开一条隙缝，内有一个黑色的破卵器。若虫爬出来后都乖乖地围在空壳旁，形成一个大圆圈，好像是场圆桌会议，不知道它们在讨论什么？

但也有例外，我多次在枝条或芒草叶上发现，刚孵化的麻皮蝽并没有围成一个圆圈，原来是环境不允许它们排成圆形，只好在枝条上堆栈，但细数卵的数量还是 12 粒。

麻皮蝽体背密布白色碎斑，具良好保护色。板桥（新北市）

主题延伸

在大坑山上拍到彩蝽，若虫群集于寄主植物山柑科的毛瓣蝴蝶木上，卵 12 粒但排成两列，孵化出 11 只若虫，围成椭圆。彩蝽的卵像是药罐子，上面还有图案，很漂亮。

拍摄地点 / 大坑（台中）

1 2 3

1. 刚孵化的麻皮蝽，卵 12 粒，若虫却只有 9 只，可能有 3 粒卵没孵化成功，也有可能这 3 只若虫有“任务”离开，稍后还会回来吧！乌来（新北市）**2.** 麻皮蝽的卵若产在芒草叶上，孵化的若虫受到环境因素的影响就无法围成一个大圆圈，只能堆栈在一起。阿里磅（新北市）**3.** 在另一片叶下找到麻皮蝽，却只有 2 只若虫，其他的 10 粒卵还在等待孵化，但也可能被蜂类寄生，无法孵化出来。竹兴国小（苗栗）

拍摄参数 F8 T1 / 100 ISO200 闪光灯补光

016

水虻产卵

双翅目 | 水虻科

黑水虻 *Hermetia illucens*

日期：2007 年 5 月 2 日
地点：瑞芳（新北市）

在瑞芳公园的某个垃圾箱里，意外观察到黑水虻产卵行为，与后来在网络上查到的某种黑水虻于垃圾桶产卵的行为相同。人们也会利用黑水虻幼虫有效转化营养物质，可减少垃圾堆积，防止蚊蝇滋生，并开发为饲料的原料，是动物重要的蛋白质来源。

公园垃圾箱附近有数只水虻飞行，不久它们停在垃圾箱盖的隙缝，将尾部伸进去就不动了，停了大约 15 分钟才飞走。基于好奇，我打开箱盖查看，赫然见到一堆晶莹剔透的卵。卵长形，两端尖，约 50 粒。往下看，里面还有许多幼虫和蛹，显然水虻在这个环境栖息。

没计划要拍水虻，无意中却变成观察水虻产卵和了解其生活史。据相关数据显示，一只水虻幼虫能处理 2 ～ 3 千克的垃圾，从幼虫到蛹羽化约需 35 天，能有效抑制苍蝇繁殖。所以水虻在垃圾箱生活并不是坏事，相反它能改善环境卫生，是自然界食物链中不可或缺的一环。

1. 打开箱盖，赫然看到一堆晶莹剔透的卵，一只雌虫一生可产下 1 000 粒卵。**2.** 垃圾箱里有许多水虻的幼虫和蛹，它们能处理掉脏乱的垃圾，是自然界食物链中不可或缺的一环。

主题延伸

黑水虻繁殖期，雄虫在空中求偶飞行再抱住雌虫，落到地面则摆出“一”字形交尾。成虫不进食，仅 5 ～ 9 天寿命。黑水虻在垃圾桶隙缝产卵，幼虫以厨余垃圾等有机质为食，能防止蚊蝇滋生。

拍摄地点 / 瑞芳（新北市）

觅食行为大公开

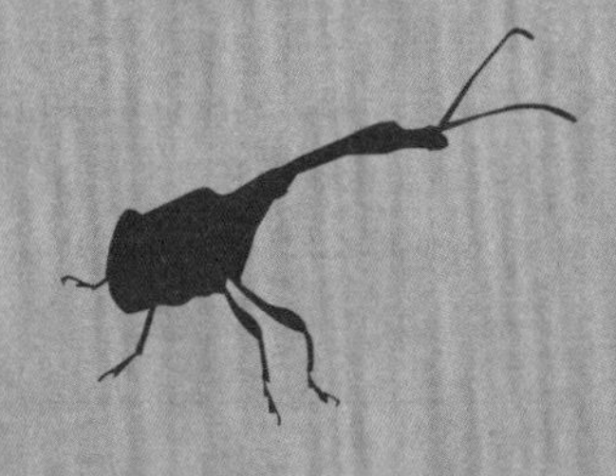

拍摄参数 F16 T1 / 60 ISO200 闪光灯补光

017

野桐叶上的早餐

鞘翅目 | 吉丁虫科

蓬莱细矮吉丁虫

Meliboeus formosanus

日期：2004 年 5 月 9 日

地点：观雾（新竹）

野桐叶片基部有两个蜜腺构造，其成分主要有果糖、蔗糖和葡萄糖，会吸引许多昆虫前来觅食。有次我在芝山岩一天内拍到 5 种昆虫取食野桐蜜腺，从那次之后，我只要看到野桐、血桐、白匏子的叶片上有昆虫就会拍下来，至今已拍了 300 多张，物种也从 5 种增加到 30 多种，包括苍蝇、蛾、金龟子、象鼻虫、花蚤、皮蠹、小蠹虫、叶蜂和毛毛虫等，甚至还拍过萤火虫的幼虫，几乎所有昆虫对野桐的蜜腺都很感兴趣。

天下没有白吃的午餐，野桐为什么要那么大方地请客呢？原来它跟蚂蚁取得了互利共生的关系，免费供蚂蚁取食，而蚂蚁对其他入侵者进行驱赶，借此达到保护野桐枝叶的目的。

由多次观察得知，蚂蚁确实具有强烈的领域行为，不同种蚂蚁很少一起出现。但是蚂蚁这个保镖并不是全职的，我还曾经拍摄到吉丁虫、蚁形甲由雌虫背着雄虫前来补充产卵所需的养分，这表明野桐蜜腺的营养价值是很高的喔！

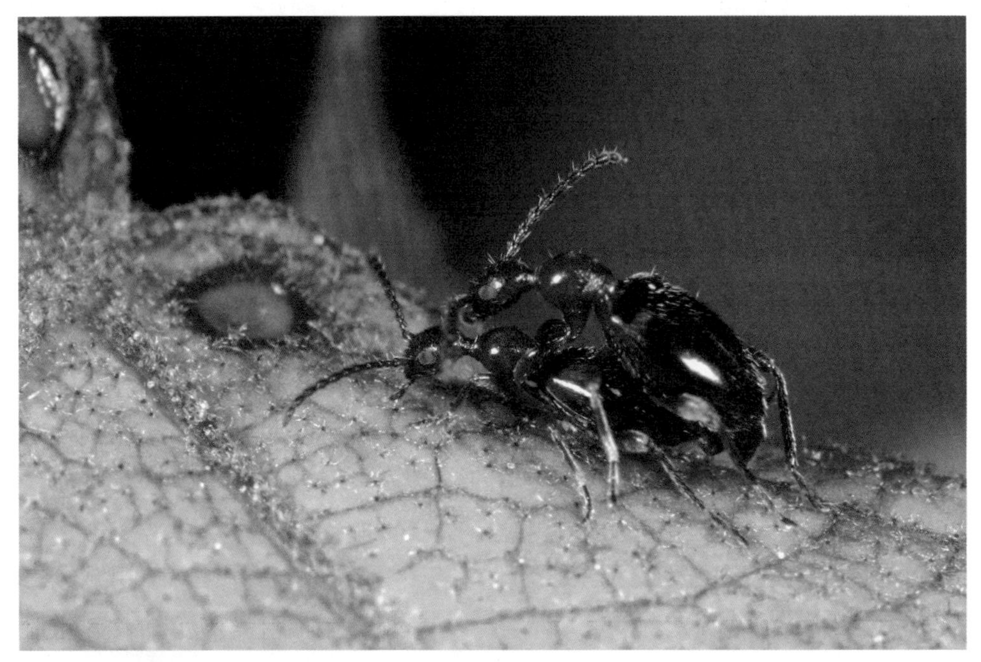

一对交尾的蚁形甲前来取食野桐蜜腺。新光部落（新竹）

主题延伸

瓢虫和蚂蚁原本是“世仇”，蚂蚁在享受野桐的甜点时，竟忘了自身任务。我也拍过两只蚂蚁各占一盘甜点，一只舞蛾飞过来却不敢向前，这表示野桐聘请蚂蚁当“保镖”还是有用的。

拍摄地点/丰珠（新北市）

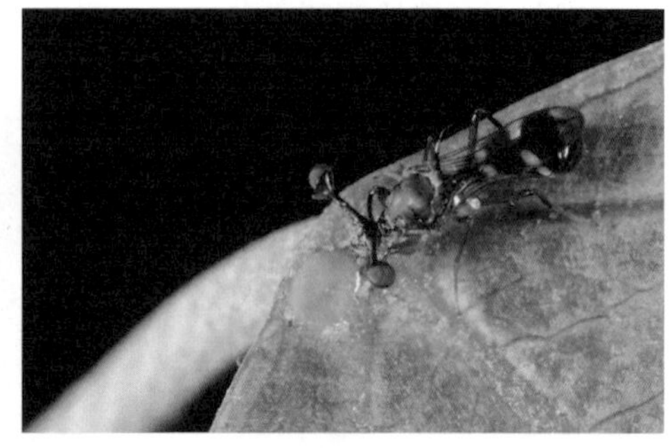

1 2
3 4
5
6

1. 蚂蚁是野桐蜜腺的常客。瑞芳（新北市）**2.** 一片叶子通常由一种蚂蚁占有。云森瀑布（新北市）**3.** 黄斑锥背天牛也来取食蜜腺。瑞芳（新北市）**4.** 四斑突眼蝇取食蜜腺很专心。瑞芳（新北市）**5.** 红胸窗萤的幼虫竟然爬到野桐树上取食蜜腺。东澳（宜兰）**6.** 纹否尾蠊是一种蟑螂，对野桐蜜腺也很喜欢。大武山（台东）

拍摄参数 F11 T1 / 60 ISO200 闪光灯补光

018

蚂蚁乞食

膜翅目 | 蚁科

卡林弓背蚁

Camponotus carin tipunus

日期：2003 年 9 月 10 日
地点：五分桥（新北市）

我曾拍到一只蚂蚁向体形大它很多的黑竹缘蝽乞食，稍后不久又拍到一只铺道蚁撒娇似的挂在角蝉的犄角上。通常蚂蚁会用触角碰触蚜虫，这时蚜虫便从肛门排出一滴甜甜的汁液给蚂蚁，蚂蚁吃过后再以同样的方式向另一只蚜虫乞食，直到肚子撑饱仍不肯离开。

蚜虫、介壳虫是会分泌蜜露给蚂蚁的昆虫，由于蚜虫大量取食植物汁液，因此会将多余的蜜露液体通过直肠排出。

蜜露相当于一种排泄物，含有丰富的糖类，因此蚂蚁才会以不需劳力的方式取得甜点。

在我的昆虫档案里，蚂蚁乞食对象几乎都是半翅目的种类，除蚜虫外还有木虱、角蝉、椿象、粉虱和多种介壳虫。蚂蚁取食蜜露后会分食给同伴，它以占有食物为由和蚜虫取得共生关系，但不一定是我们所说的“知恩图报”。蚂蚁会驱赶各种天敌，如瓢虫、草蛉幼虫、食蚜蝇幼虫等，是一种领域性的行为，或许这样说比较科学吧！

蚂蚁英勇威武的模样。莲华池（南投）

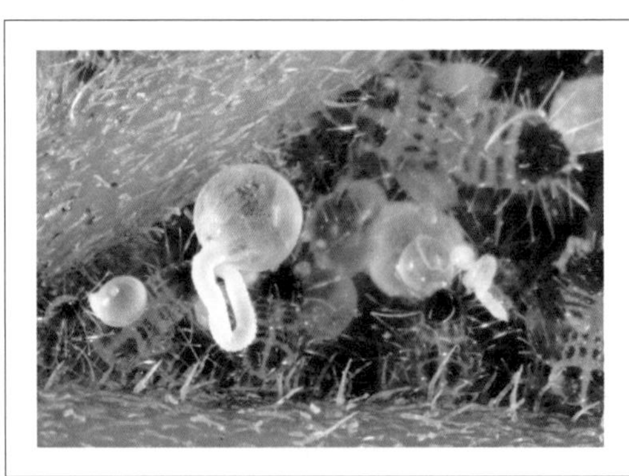

主题延伸

山黄麻木虱外形呈条状，白色，末端球形，也会分泌“蜜露”。这种分泌物有点酸，带着发酵的气味。蚂蚁向山黄麻木虱乞食，其成虫和若虫都会分泌这种“蜜露”，有趣的是它可以像吹气球一样膨大。

拍摄地点/瑞慈宫（新北市）

1 2
3 4
5

1. 铺道蚁向绍德锚角蝉撒娇，想要蜜露吃。崁头山（台南）**2.** 一群臭蚁围在角蝉身边乞食蜜露。马太鞍（花莲）**3.** 黑褐举尾蚁和竹茎扁蚜具有共生关系。侯硐（新北市）**4.** 白足绞臭蚁吸食蜜露后，分食给同伴。甘露寺（新北市）**5.** 介壳虫会覆盖蜡的物质然后躲藏其下，但我从没见过介壳虫分泌蜜露出来，只见蚂蚁在一旁痴痴地等待。五尖山（新北市）

019

蚂蚁能赶走瓢虫吗

膜翅目 | 蚁科

双齿多刺蚁 *Polyrhachis dives*

蚂蚁、蚜虫共生关系传为美谈，但我始终对蚂蚁有能力赶走瓢虫存疑。

法布尔的《昆虫记》中有段精彩描述：“蚂蚁的幸福时光看来不能长久，早就对那些蚜虫垂涎欲滴的七星瓢虫慢慢地爬过来，它想吃掉蚜虫。一场‘瓢、蚁大战’不可免，只见蚂蚁张开大口去咬七星瓢虫，谁知七星瓢虫把6条腿一收，蚂蚁便无从下手，这时，其他蚂蚁过来帮忙要掀翻瓢虫，七星瓢虫被蚂蚁狠狠咬了一口后，只见蚂蚁瞬间好像全部失去战斗力似的，一个个痛苦地站着发呆。原来七星瓢虫体内会分泌一种麻醉液体，只能眼看蚜虫成为七星瓢虫的肚中之物，无可奈何地另谋出路去了。”

法布尔描述蚂蚁会咬瓢虫，并被其臭液麻醉，这

日期：2006年1月14日
地点：南雅（新北市）

1 2 3 | **1.** 双齿多刺蚁爬到后方驱赶双带盘瓢虫。**2.** 举尾蚁从黄斑盘瓢虫后方驱赶，但瓢虫一点也不在乎。**3.** 蚂蚁爬到前方，对着瓢虫吆喝：“你再不走！我就要咬你了！”

拍摄参数 F11 T1 / 30 ISO200 闪光灯补光

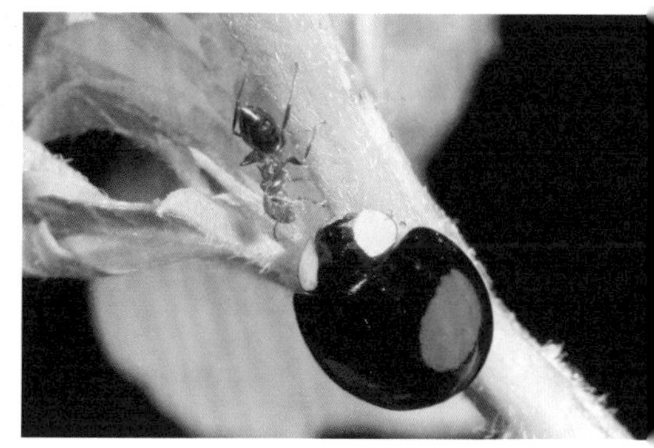

点我倒没有观察到，也没见过一群蚂蚁围过来攻击瓢虫，但我多次观察到蚂蚁张开大牙要驱赶瓢虫，并试图掀翻瓢虫，但瓢虫都不为所动，并没有如大家所预期的那样惊慌逃逸。

黄斑盘瓢虫面对蚂蚁的驱赶，转了身头部朝下，6只脚一收紧紧地贴在植物上，蚂蚁连咬的机会都没有。

蚂蚁爬到侧面找到空间想要掀翻瓢虫。然而，天啊！那么重，蚂蚁一点也动不了它。

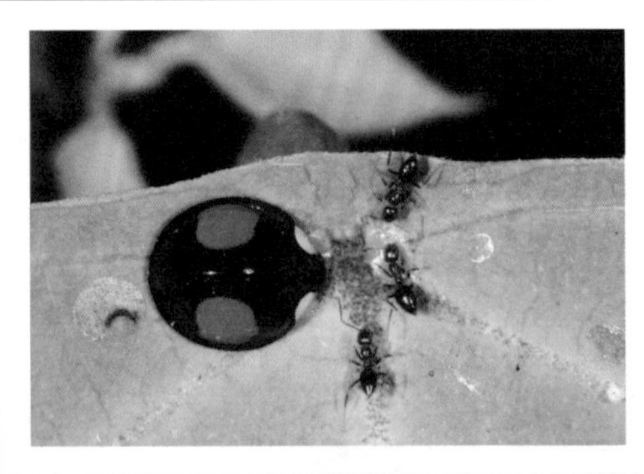

主题延伸

黄斑盘瓢虫和3只体形甚小的蚂蚁共享野桐的蜜腺，因为太美味了，蚂蚁连吃都来不及，怎么会想到要驱赶瓢虫呢？也许蚂蚁和瓢虫的关系，并没有想象中那么“深仇大恨”吧！

拍摄地点/深坑（新北市）

拍摄参数 F5.6 T1 / 125 ISO400 闪光灯补光

020

蚁狮的遁形术

脉翅目 | 蚁蛉科

蚁蛉（幼虫）

日期：2010 年 2 月 10 日

地点：长滨（台东）

蚁狮是蚁蛉的幼虫，习性宛如狮子般凶狠，以沙质地栖息，又称“沙猪仔”。

蚁狮的巢穴呈漏斗状，生活于海边、溪流或干燥的沙地，由于习性敏感，要见其庐山真面目不容易。我曾在福隆海边栖地，将枯枝、枯叶丢进沙坑里，都无法引诱蚁狮出来，原来蚁狮在地底下早就惊觉到我们的脚步声。后来我们站在原地十几分钟不动，终于有机会看到蚁狮喷沙了，我赶紧用手把它挖出来。观察蚁狮时可先将沙铺在纸上，刚开始它会装死，但不用数秒钟就会翻身以腹端倒插的姿态钻入沙里，所以也有人叫它“倒退牛”。

蚁狮的大颚像钳子一样发达，当它感觉有蚂蚁等猎物经过时，会立刻喷沙让猎物滑落，这时蚁狮便伸出大颚钳住并注射毒液麻痹猎物，接着将其拖入沙里吸干体液，然后将空壳抛出洞外。然而沙地并不会常有猎物经过，这种“守株待兔”的捕食方式，有时会很长一段时间没有东西可吃，所以蚁狮的耐饥性很强。

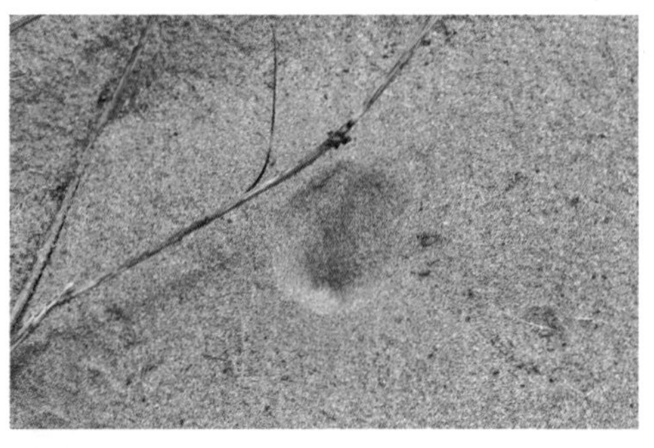

1 2
3

1. 白斑蚁蛉，蚁狮的成虫，翅膀前缘有白色翅痣。乌来（新北市）**2.** 栖息在台东长滨海边的蚁狮巢穴。**3.** 这种蚁狮腹背中央两侧有黑色斑点。

主题延伸

虎甲的幼虫也会挖掘垂直形的巢穴，猎食时利用如糜肉的头顶住洞口，静静地等待蚂蚁等小昆虫经过。一有动静便突然出来快速咬住猎物拖进洞里，进食后剩下的残渣会被抛出洞外。

拍摄地点/建安（新北市）

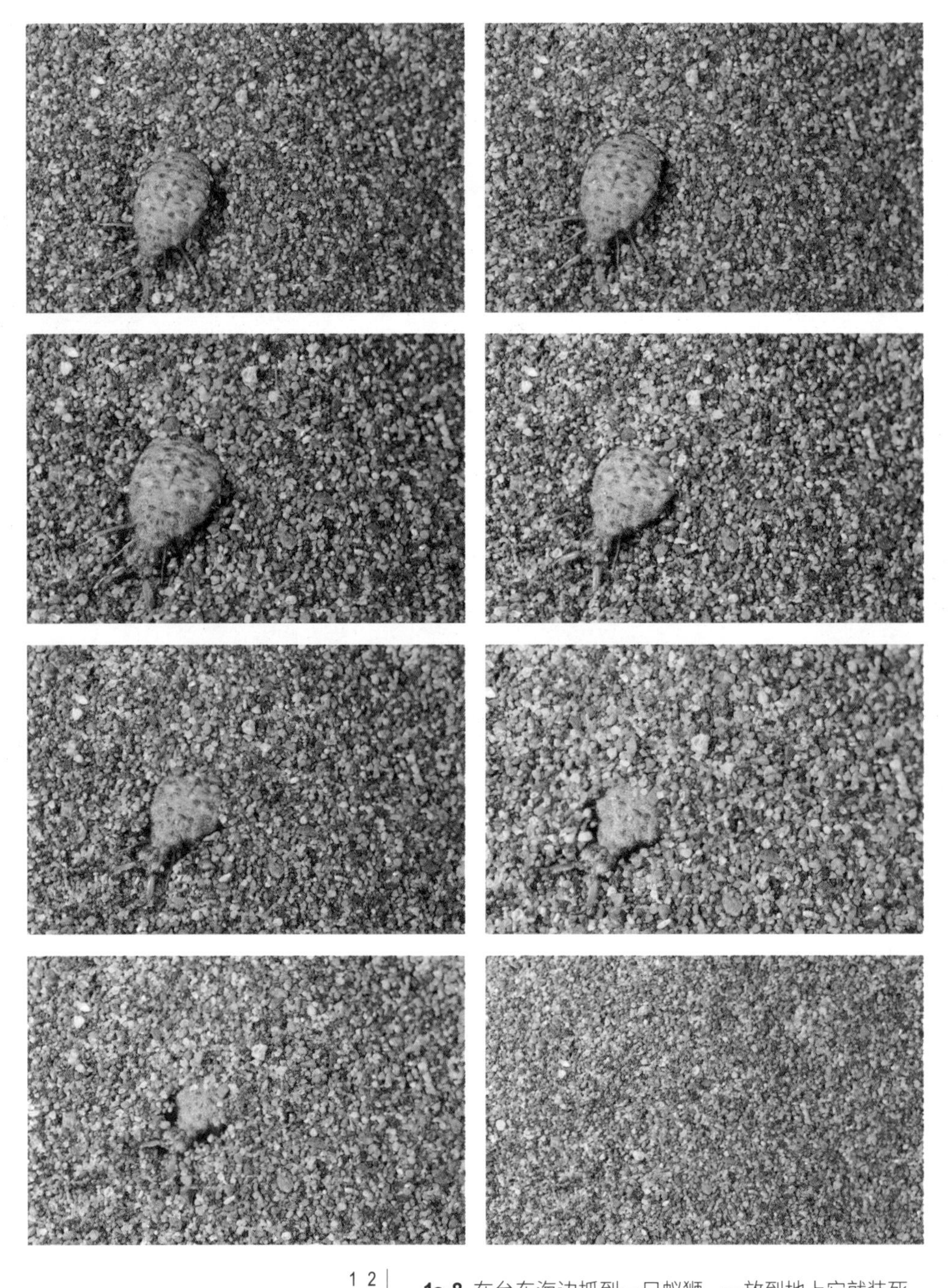

1 2
3 4
5 6
7 8

1~8. 在台东海边抓到一只蚁狮，一放到地上它就装死，但很快醒来，不到 3 秒钟便以倒退姿态钻入沙里不见踪影。

拍摄参数 F8 T1 / 60 ISO200 闪光灯光源

021

螳螂捕食

螳螂目 | 螳螂科

台湾斧螳 *Hierodula formosana*

日期： 2006 年 6 月 17 日

地点： 铜门（花莲）

螳螂对多数人来说并不陌生，它既凶猛又可爱，头部呈三角形能自由转动，前足镰刀状能捕捉猎物，有人称它为“祈祷虫”“草猴”“预言家”，还有“螳螂捕蝉，黄雀在后”等多种有趣的描述。它的外表、动作充满戏剧性。其实它很胆小，以保护色隐藏，行动缓慢，擅于拟物，会模仿叶子晃动的姿态走路，以极慢的速度接近猎物，再出其不意地用前足捕捉猎物。

有一年，我在山区点灯诱蛾，灯光下飞来

很多趋光性的昆虫，台湾斧螳也来了，发现它最喜爱蟪蛄，倒是对蛾兴趣不大。可怜的蟪蛄一旦被逮住就无法挣脱，螳螂轻易地抓取猎物，从头部开始啃食，十分凶残。

螳螂有超强的捕食能力，即便如此，古书上仍用“螳臂当车”来比喻自不量力的人。螳螂举起双臂想要阻挡车子，当然不可行，难道真是太高估自己的能力而作出愚蠢的举动？其实它在昆虫界算是猎捕高手，但人类要拿它跟车相比，对螳螂来说也太不公平了！

可怜的蟪蛄成为螳螂的佳肴。

主题延伸

拍到棕污斑螳交尾行为，却不见传说中“雌螳螂把雄螳螂吃掉”的画面。网络上有很多这类的影片，一般来说在台湾并不容易发生，但在食物短缺或饲养环境下，雌螳螂吃雄螳螂的概率会比较高。

拍摄地点 / 瑞芳（新北市）

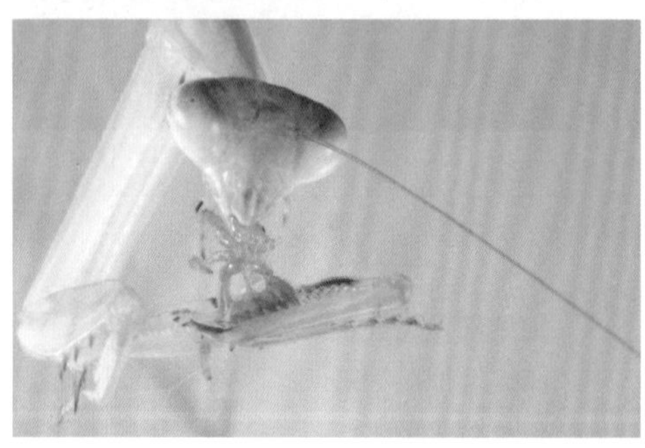

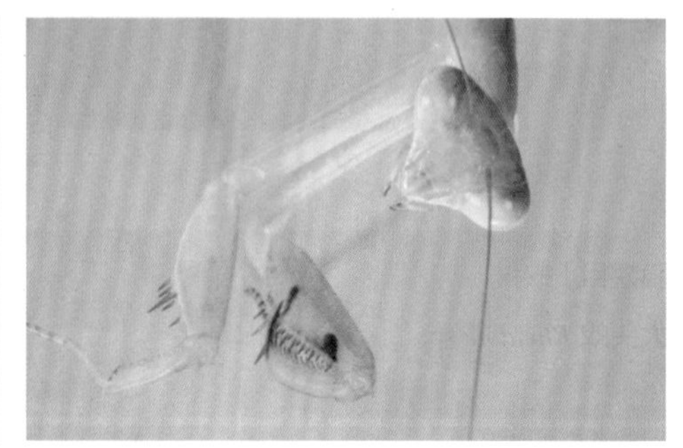

1
2 3
4 5

1. 蜜蜂被螳螂的前足排刺夹住无法挣脱，任其宰割。军舰岩（台北）**2.** 螳螂具有强壮的大颚，看它取食的表情，好像陶醉在美食当中。军舰岩（台北）**3.** 在某个铁皮墙上发现一只螳螂若虫，它也具有超强的猎捕能力，瞬间就捕到一只弱小的蜘蛛。土城（新北市）**4.** 它熟练地以前足夹住猎物，狼吞虎咽地吃着。土城（新北市）**5.** 猎物一下子就被吃光，它满足地清洗身体。

拍摄参数 F16 T1 / 60 ISO100 闪光灯补光

022

取食接骨草蜜杯的蚂蚁

膜翅目 | 蚁科

大头蚁 *Pheidole* sp.

日期： 2009 年 9 月 28 日
地点： 山中湖（新北市）

蚂蚁的行为多样而有趣，可说是拍照的最佳模特儿，然而蚂蚁微小好动，器材可要高阶一点才行，建议使用单反相机搭配约 100 毫米的微距镜，最好再加一个近拍镜。由于是近距离摄影，在缩小光圈下得使用微距专用的闪光灯，环闪或双闪。在 M 模式下，可利用闪光灯冻结影像的原理来摄取快速爬行的画面，若用 TTL 自动测光模式，快门大约 1 / 200 秒，有时候仍无法捕捉蚂蚁爬行瞬间的影像，但改用 M 模式闪光灯冻结影像就百无一失了。

1 2 3 4 | 5

1. 接骨草花朵白色，细小，基部有黄色杯状蜜腺，偶尔可见红色。大武山（台东）**2.** 蓬莱红蚁，分布于中、高海拔地区，通常花丛上仅见一种蚂蚁。武陵（台中）**3.** 蚂蚁吸食蜜杯，在花朵上爬行就能帮植物授粉。武陵（台中）**4.** 举尾蚁吸食蜜杯，整个头部都钻进去了，十分可爱。山中湖（新北市）**5.** 双齿多刺蚁取食蜜汁。兰屿（台东）

我喜欢拍接骨草花上的昆虫，基部的蜜杯会吸引很多昆虫前来觅食，除了蚂蚁外还有蝶蠃、花蚤和蝴蝶等，不过还是蚂蚁最好拍，蚂蚁不会飞走，一直守住蜜杯不离开，有时还会赶走入侵的其他昆虫，把这里当作它们的“仓储”。从低海拔地区到中海拔地区到处可见接骨草开花。

主题延伸

圣诞红也有一个黄色扁状的蜜杯，像花瓣的部分是苞叶，每一个蜜杯旁边长有一个花序，上头布满约 1 毫米的小花，圣诞红就是靠蜜杯吸引蚂蚁前来帮忙授粉的。

拍摄地点 / 东势（台中）

拍摄参数 F8 T1 / 125 ISO200 闪光灯补光

023

昆虫的口器

膜翅目 | 蜜蜂科

意大利蜜蜂 *Apis mellifera*

日期： 2007 年 1 月 26 日
地点： 土城（新北市）

昆虫的口器构造都不一样，但基本上是由上唇、大颚、小颚、下唇及舌所构成。各类昆虫由于取食的环境关系，口器的构造有多种方式：如蝶、蛾（鳞翅目）的口器是虹吸式；椿象、蝉（半翅目）是刺吸式；蝇、虻（双翅目）是舐吸式；螽斯、蝗虫（直翅目）是咀嚼式。但也有一些例外，譬如双翅目的雌蚊要吸血，口器特化为刺吸式；锹形虫有威武的大颚，取食却用不着，而由小颚代劳，口器是咀嚼式 。

有一天，我在住家附近的田园拍照，看到许多蜜蜂吸食花蜜，我近距离拍到它取食的特写，有一根细长的“舌”伸进管状花序里吸蜜。原来蜜蜂取花粉时才用到大颚，用大颚磨碎花粉再吸食，所以大半的蜂类都是咀嚼式口器。

蚂蚁也是膜翅目的成员，我拍到很多蚂蚁取食野桐蜜腺，蜜腺柔软，虽然看似用不到大颚，但蚂蚁的口器仍是咀嚼式。

蚂蚁有发达的大颚，口器是典型的咀嚼式。

主题延伸

食蚜蝇成虫喜欢访花吸蜜，它们是素食主义者，但食蚜蝇幼虫却是荤食主义者。幼虫很凶悍，专门捕食弱小的蚜虫，所以双翅目的食蚜蝇，幼虫是刺吸式口器，成虫是舐吸式口器。

拍摄地点 / 瑞芳（新北市）

1 2
3 4
5 6

1. 锹形虫具有强大的大颚，但只用来打斗、武装自己，在取食方面没有多大关联。**2.** 卷叶象鼻虫利用大颚刮食叶面上的纤维，再用小颚吸食汁液，所以其口器具有咀嚼和吸食的功能。**3.** 艳红猎蝽象正在猎食一只象鼻虫，取食前先将麻醉剂注入，再吸食猎物体液。**4.** 这只大蚊靠吸食露水维生，它具有喙状口器，却不会吸人血。**5.** 这种松岗象大蚊具有很长的口器，能深入花朵吸食花蜜，所以大蚊科的某些种类也具有传授花粉的功劳。**6.** 鳞翅目的蝶、蛾类，具有管状的口器，以虹吸式的原理吸食花蜜。连斑水螟的口器很长，可以吸到其他昆虫吸不到的蜜汁。

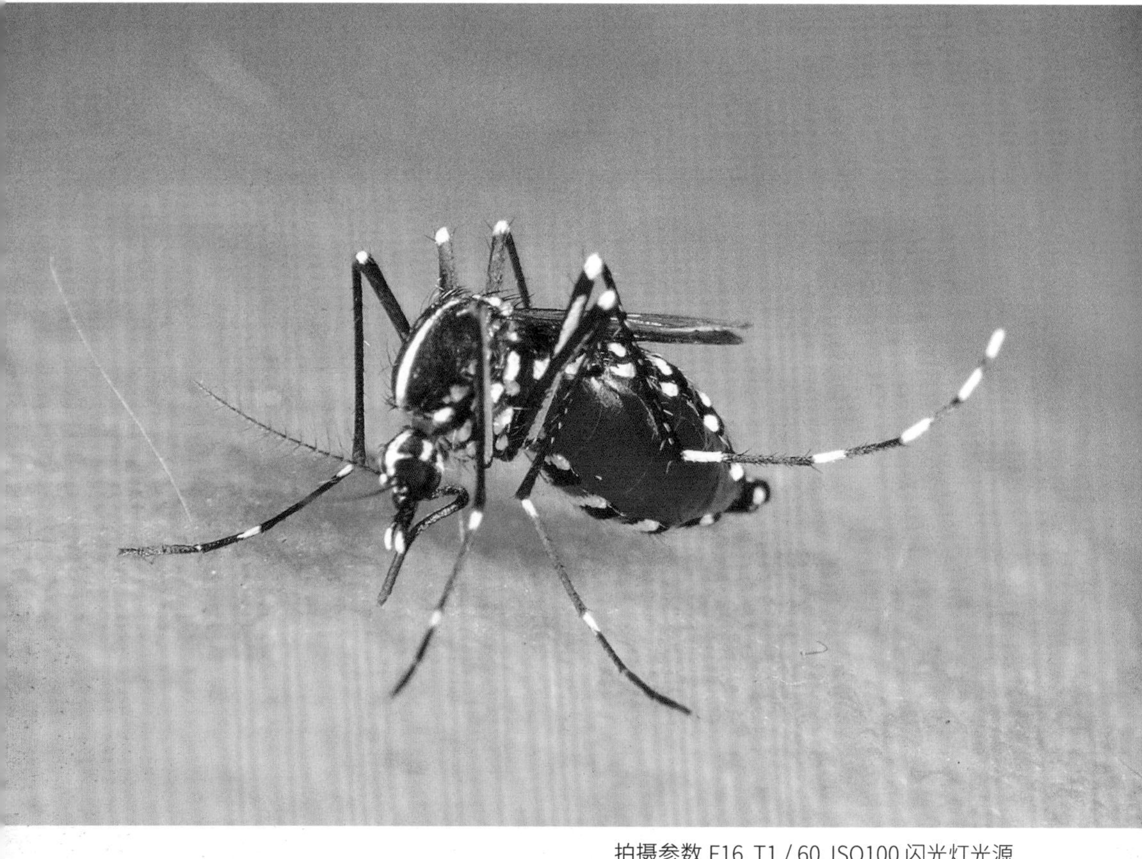

拍摄参数 F16 T1 / 60 ISO100 闪光灯光源

024

蚊子怎样叮人

双翅目 | 蚊科

白纹伊蚊 *Aedes albopictus*

日期：2009 年 7 月 5 日
地点：崁头山（台南）

一般人欣赏昆虫会以大而漂亮的蝴蝶、锹形虫为第一选择，至于苍蝇、蟑螂会被列入厌恶的名单中，蚊子、跳蚤更是没人想去接触。

刚学摄影时，有一年到台北参加研习。一天，时间还早便在附近的竹林里拍照，但找不到昆虫，只好收拾器材，这时竟发现背包上有两只蚊子，仔细一看它们正在交尾。啊！这种“卑微”的蚊子也要交尾啊！生命是多么不可思议，从那次开始我便对昆虫的“平等观”有了很大转变。交尾后雌蚊要产卵繁衍下一代，这是很庄严的。因为雌蚊产完卵需要足够的营养，否则就生不出健康的宝宝，我们可以想象雌蚊是多么着急，急着吸血以完成传宗接代的天职。台湾曾经传播的登革热疫情，病媒主要是埃及伊蚊和白纹伊蚊。当病媒蚊叮咬患者后，病毒在蚊虫体内增殖 8 ～ 12 天，病毒就会至病媒蚊的唾液腺，再叮咬其他健康的人，就会将病毒传出，这只病媒蚊终生都具有传播病毒的能力。

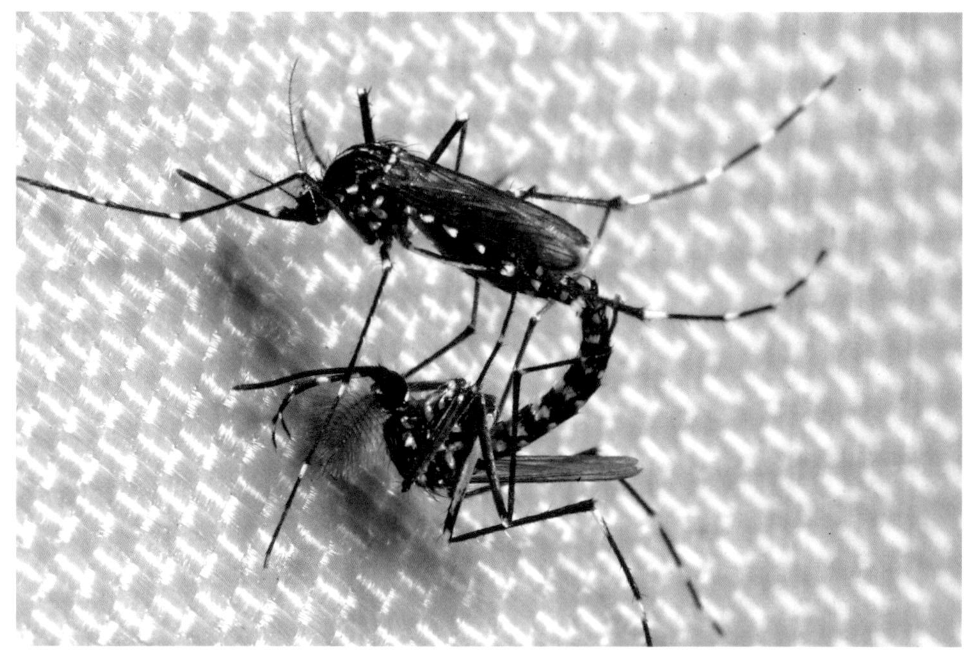

背包上观察到 2 只蚊子正在交尾，从那次开始我对昆虫的“平等观”有了很大转变。四兽山（台北）

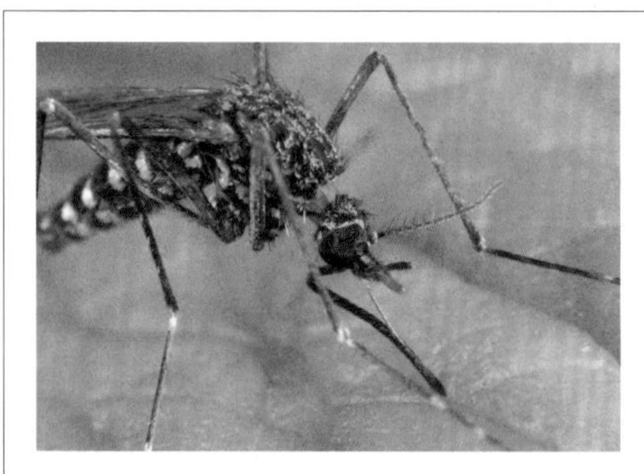

主题延伸

雌蚊口器由上唇、一对大颚、小颚和一片舌构成。以针状小颚刺穿皮肤，被叮后会红肿、痒，原因是蚊子会排出唾液，防止血液凝固，这种抗凝血剂是致使皮肤过敏和传播病毒的主因。

拍摄地点 / 基隆屿（基隆）

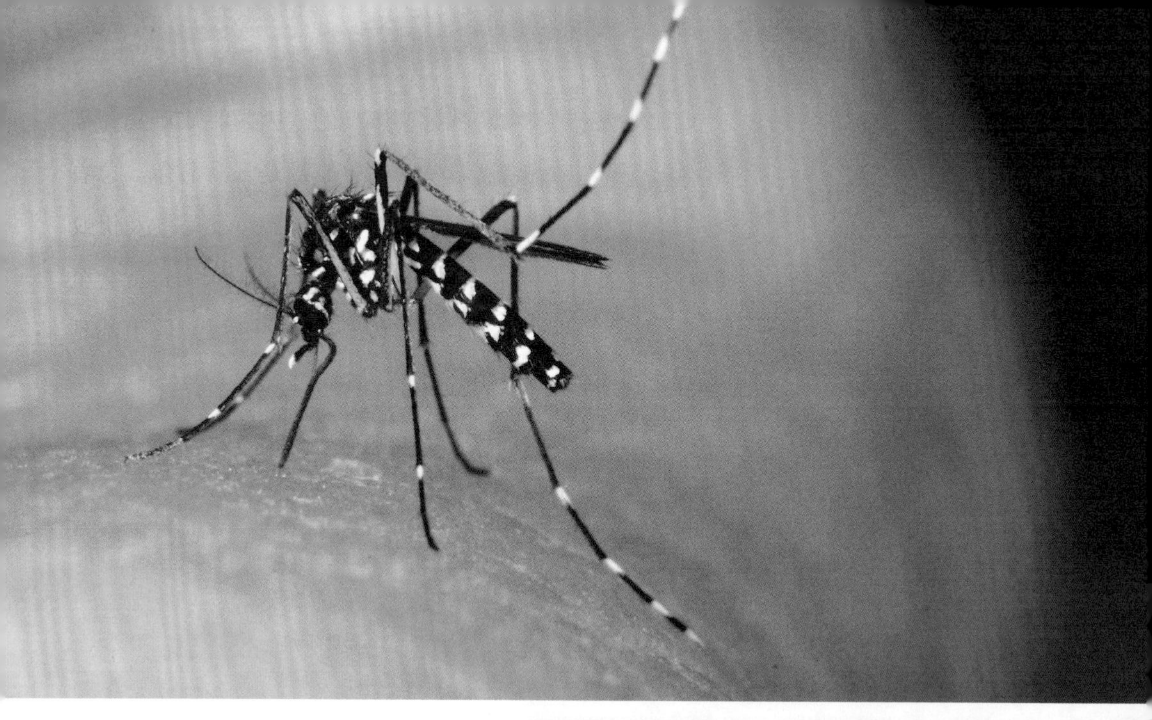

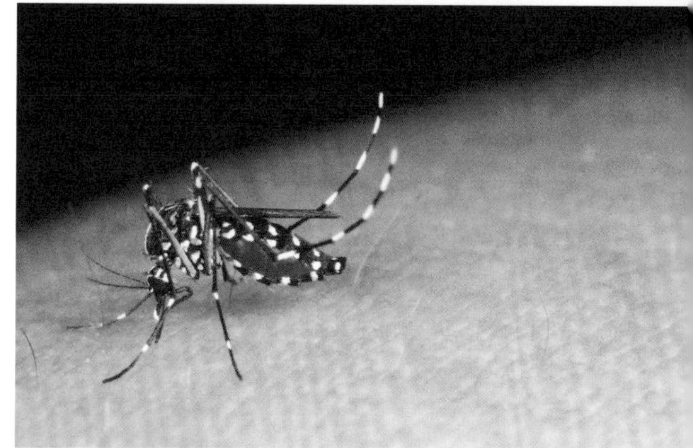

1
2
3

1. 在山区拍照时，若发现有蚊子叮我的左手，我会以右手拿相机拍摄它，照片越拍越清楚，终于拍到蚊子的口器细节。原来穿刺皮肤的是长得像锯齿的小颚，真正吸血的“管子”隐藏在里面。**2.** 待蚊子吸完血飞走后，皮肤才会感觉到红肿和痒。**3.** 雌蚊吸血后在叶片上休息，不久后会到水边产卵。

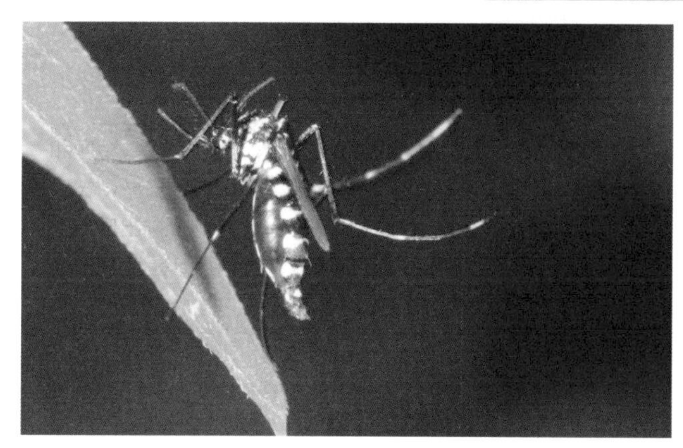

拍摄参数 F16 T1 / 60 ISO200 闪光灯光源

025

神秘的小黑蚊

双翅目 | 蠓科

台湾铗蠓 *Forcipomyia taiwana*

日期： 2009 年 9 月 13 日

地点： 大坑（台中）

小黑蚊，分类于蠓科，跟蚊子的蚊科不同，形态和习性也不一样，幼虫陆生，不会像蚊子一样孳生于水中。被小黑蚊叮咬后奇痒、红肿，状况比蚊子严重。有一天，在南部老家和儿子坐在庭院，我对他说："没拍过小黑蚊，不知道长得什么样子？"儿子伸出手臂说："是不是这只？"我一看，仅有一个小黑点，看不出形貌，赶紧用最大倍率的微距镜拍。啊！真的，这是小黑蚊！儿子感到有点痛，问我拍好没？我说忍耐一下，再拍一张就好。这是我第一次拍小黑蚊的经历。

过了两年和友人在台中大坑拍照，大坑的小黑蚊很多，即使喷了防蚊液也无效，我被叮咬了好几口而感到奇痒无比，其中一只叮在左手臂上，我立刻拿相机拍摄。这次决定要把整个过程拍下来，因此忍痛让小黑蚊吸饱血液，时间长达数分钟，眼见它的腹部鼓胀得跟皮球一样大，腹端还不停地排出液体，最后飞走了，才停止按压快门。这张照片成为我唯一的体验，以后再也不敢拍小黑蚊了。

小黑蚊正在叮咬我的儿子，这是我第一次拍小黑蚊。水上（嘉义）

小黑蚊体长约 1.4 mm，黑褐色，触角有稀疏的短毛，幼虫以长有青苔的环境栖息，取食绿藻类。羽化后成虫可存活 30 余天，只有雌虫会吸血。小黑蚊只在白天吸血，晨昏或晚上都不会，当感应到人的气味才会飞出来吸血，飞行高度通常在 1m 以下，因此小黑蚊不会飞上二楼叮人。水上（嘉义）

主题延伸

在台湾，蠓科有 163 种，除了台湾铗蠓和三地铗蠓外，其他的蠓都不会吸人血。多数的蠓呈褐色或黑褐色，微小，曾见以鳞翅目幼虫、豆芫菁、盲蛛等为对象吸食其体液。有些种类夜晚会趋光。

拍摄地点 / 瑞芳（新北市）

拍摄参数 F16 T1 / 60 ISO400 闪光灯补光

026

举尾虫的点心

长翅目 | 蝎蛉科

杨氏新蝎蛉 *Neopanorpa youngi*

日期： 2005 年 1 月 17 日
地点： 建安（新北市）

初学昆虫摄影的第一年，在基隆山区看到这种尾巴像蝎尾，头部细长的昆虫，觉得它长相奇怪，总是在人烟稀少的山区出现，后来才知道叫“蝎蛉”。其雄虫尾端膨大像蝎的螯钩，习惯上举，故有“举尾虫”名号。

寒流来临，天气湿冷，直到这天阳光才稍微露脸，山上的虫虫们都出来晒太阳了。看到卷叶象、瓢虫、螳螂和许多蚊、蝇等，发现它们的活动力都很弱，有些是冻僵了，有些是饿扁了，其中一只蝎蛉飞到我的手上，用狭长口器刮食我皮肤上的“食物”，是什么物质让它流连忘返？

当虫爬到身上，要是以前的我会惊吓甩掉，现在反而觉得像是交了新朋友，乐意让它取食，并感到一阵温暖。前不久到三峡山区也碰到一只实蝇在我手上舔了许久，我让它舔个高兴，因为知道它不会螫人。这种情况常发生在冬天或初春这种食物来源短缺的季节，昆虫才会饥不择食，但吃相很有趣。

举尾虫，雌虫尾端没有蝎状的螯钩。中正山（台北）

主题延伸

黄槿是一种海滨植物，因海边风大，昆虫栖息不易。我在黄槿叶背发现好几种瓢虫在基部吸食“蜜露”。虽然都是肉食性的瓢虫，但在食物短缺的情况下，也会改变取食的来源。

拍摄地点/鳌鼓（嘉义）

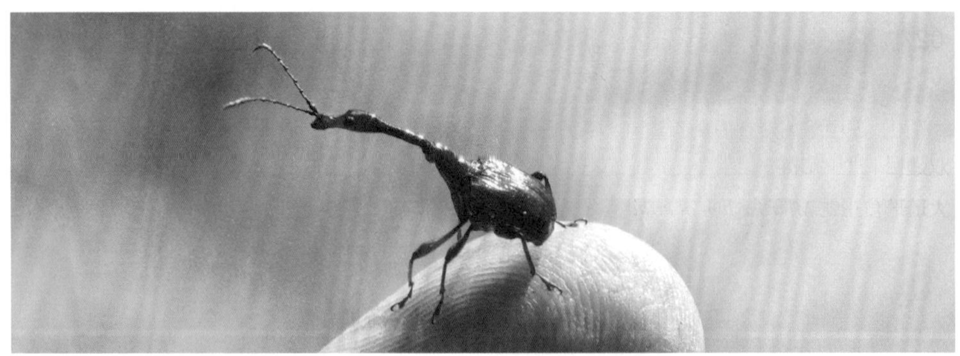

1 2 3 4

1. 桔小实蝇，在冬天飞到我的手臂上舔食，大概饿慌了，顾不了对象是谁。手臂上或许有某种矿物质吸引它，由于这种蝇不会螫人，因此就放心地让它舔。满月圆（新北市）**2.** 长鞘宽头实蝇，实蝇科，平常都在大花咸丰草的花朵上吸蜜。去年冬天这对交尾的长鞘宽头实蝇飞到我的左手臂，我用右手拿相机拍它。青云路（新北市）**3.** 初春，一只彩灰蝶也飞到我的手上吸食体液。土城（新北市）**4.** 越来越喜欢这些小精灵，一只棕长颈卷叶象飞到我的手指头上。山中湖（新北市）

拍摄参数 F11 T1 / 125 ISO400 闪光灯补光

027

食虫虻的猎食

双翅目 | 食虫虻科

大琉璃食虫虻 *Microstylum oberthiiri*

日期： 2004 年 7 月 13 日
地点： 二格（新北市）

食虫虻又称盗虻，身体粗壮多毛，胸背板隆突浑厚，复眼很大，左右分开，触角短，三节，末节端部有一芒刺，口器长而坚硬，擅于刺吸捕食猎物。常见于开阔环境捕捉飞行中的昆虫，再飞到附近隐秘的枝叶间进食，习性凶猛，但不会对人畜吸血。

大琉璃食虫虻是较大的食虫虻之一，翅膀具蓝色的金属光泽，我多次在林下遇到它，曾经看到它捕食螗蝉，习性灵敏。食虫虻捕食画面我拍得很多，每次都拍到它以尖锐的口器穿透猎物，不论叶甲、蜜蜂、大蚊、叶蝉、苍蝇等，它都能熟练地对准要害攻击，近摄这些画面，用血淋淋来形容它的冷血残忍一点也不为过。

食虫虻称得上是昆虫界的杀人魔。我曾在土城山区的一个幽暗林下，拍到一只食虫虻刺穿一只叶甲，食虫虻七彩的复眼对视叶甲无奈的眼神，这个画面令人惊悚，经常浮现于脑海，使人印象深刻。

食虫虻七彩的复眼对视猎物的眼神。土城（新北市）

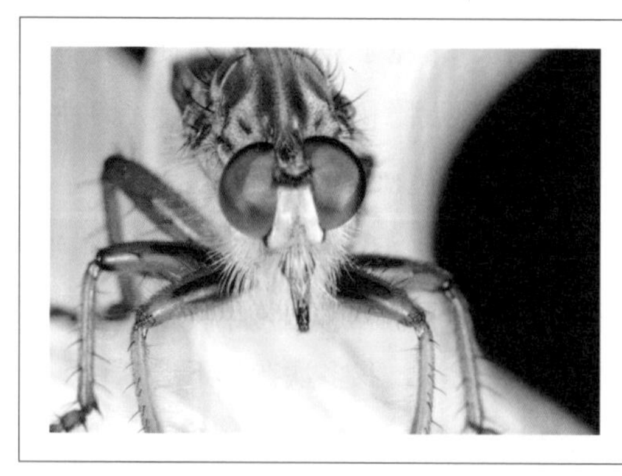

主题延伸

食虫虻视力很好，复眼大，具七彩光泽，这种谜样的颜色可能跟它捕食有关，令猎物心生恐惧。复眼下方密生鬃毛，可防止猎物挣扎伤害到眼睛，是一种很好的保护措施。

拍摄地点／惠荪（南投）

1 2
3
4

1. 食虫虻具尖锐的刺吸式口器，这是它最厉害的武器，能直接刺穿要害捕食。双连埤（宜兰）**2.** 食虫虻猎食后清洗前足，尤其跗节是猎取和取食的器官，随时保持干净以增加灵敏度。北横（宜兰）**3.** 食虫虻从背部刺穿端六星叶甲，并以毒液麻痹，瞬间让受害者无法动弹。加九寮（新北市）**4.** 从正面拍摄食虫虻猎食苍蝇，一大一小对照，可见它多么凶狠。西宝（花莲）

028

苍蝇为什么那么讨人厌

双翅目 | 丽蝇科

大头金蝇 *Chrysomya megacephala*

苍蝇是双翅目环裂亚目的通称，包括家蝇、丽蝇、麻蝇、果蝇等。苍蝇的口器为舐吸式，吃东西是用舔的，一般以流质食物为食，但其唇瓣端具齿，能刺刮固体食物。然而不管取食什么，它都要先吐出“嗉囊液”将食物溶解才能吸入，这种边吃边吐的坏习惯，才是造成病媒传播的主因。

丽蝇又称金蝇，成虫也吃花粉，当果农在忧虑蜜蜂数量的减少，致使水果产量变少时，科学家发现大量繁殖金蝇可取代蜜蜂授粉。这类苍蝇由卵至成虫只需 12 ～ 14 天，大量繁殖并不困难，成蝇寿命大约两周，对果农也是功劳一件，这样说来苍蝇在人类生活中也扮演着“有用”的角色。

我曾经在野外拍到大头金蝇进食前吐出“嗉囊

日期：2004 年 5 月 30 日
地点：土城（新北市）

1 2 3 | **1.** 其实它也很爱清洁，取食后会清洗口器及足。**2.** 大头金蝇喜欢舔食粪便，脚上的毛刺和取食前吐出的消化性液体会带有病菌，从而污染食物，成为传染疾病的媒介昆虫。瑞芳（新北市）**3.** 大头金蝇在粪便环境交尾，交尾后产卵，卵至成虫只需 12 天，繁殖速度惊人。土城（新北市）

拍摄参数 F11 T1 / 60 ISO400 闪光灯补光

液”的画面，取食后会清洗口器及足部，若说苍蝇很脏，其实这是人类对它的误解。况且它长得并不丑，体背具漂亮的金属光泽，为什么人类会那么讨厌它呢？原来苍蝇多孳生于垃圾、动物尸体、粪便等环境，成为传染疾病的媒介昆虫。

1. 只要有腐果的地方就会有果蝇，它能穿透纱窗侵入室内，造成食物污染。中和（新北市） **2.** 果蝇喜欢随风飞行，伴随气味找到合适的环境产卵。卵孵化至成虫只需 7 天，它可以在垃圾及腐烂的蔬果中完成世代交替。中和（新北市）

主题延伸

某些苍蝇喜爱吸食花蜜，果农在芒果树下放置多个装着剁碎鱼肉的水桶繁殖，一周后能养出庞大数量的丽蝇。1992 年改成“饲料”配方，不再有鱼腥味。经济又卫生的丽蝇授粉，解决了蜜蜂数量不足的问题。

拍摄地点 / 土城（新北市）

拍摄参数 F5.6 T1 / 125 ISO200 闪光灯补光

029

蜜蜂采蜜

膜翅目 | 蜜蜂科

意大利蜜蜂 *Apis mellifera*

日期： 2007 年 12 月 14 日
地点： 东势（台中）

“嗡嗡嗡嗡，嗡嗡嗡嗡，大家一起勤做工，来匆匆，去匆匆，做工兴味浓，天暖花好不做工，将来哪里好过冬，嗡嗡嗡嗡，嗡嗡嗡嗡，别学懒惰虫。”这是我们小时候爱唱的歌。

蜜蜂制造大量的蜂蜜、花粉和蜂王浆给人类，它们为了酿蜜要飞行数十千米采蜜，发现蜜源后会用各种舞蹈信号展现给同伴以显示蜜源位置。蜜蜂体形虽小但飞行速度很快，加上分工合作和勤劳的本性，最为人们所赞美。

经常可见销售蜜蜂产品的店家会兼摆几个蜂箱，其中一个蜂箱的进出口有一块戳了规则的圆洞，采蜜回家的蜜蜂都得钻进洞口才能回到巢里，它们万万料想不到辛苦采收的花粉竟因洞口太小，全都掉下来了，这就是“花粉收集器”。这些收集来的上等花粉会以极高的价钱售卖，而店家则用面粉加果糖的劣质品喂食蜜蜂。

这是有关“蜜蜂故事”另一面不为人知的报道，在大自然的食物链里，人是最高等级的消费者，并以主宰者的角色，理所当然地撷取所有资源。

1
2 3
4 5

1. 工蜂后足的“花粉篮”能收集花粉。南庄（苗栗）**2.** 蜜蜂辛苦采收的花粉竟因蜂箱洞口太小，全都掉了下来，但它还是一再地来回采蜜，却不知道采集的花粉被人类搜刮。**3.** 蜂农拆下蜂巢板，再以离心机分离、收集蜂蜜。三芝（新北市）**4.** 蜂农收集花粉售卖。花粉能提供人体所需的营养，具有保健美容、增加免疫力的功效。三芝（新北市）**5.** 蜜蜂的产品包括蜂蜜、蜂蜡、蜂王浆、蜂花粉、蜂毒、蜂胶等，有食品制造和医药工业用途。三芝（新北市）

主题延伸

蜂王所产“未受精的卵”发育成雄蜂，如果是“受精卵”则按需要发育成工蜂或新蜂后。蜂王一生都食用蜂王浆，寿命可长达 4 ～ 5 年，而雄蜂只能活几个月，工蜂的平均寿命约 45 天。

拍摄地点 / 三芝（新北市）

030

昆虫的咬痕

膜翅目 | 叶蜂科

淡黄迈脉叶蜂 *Phymatoceropsis fulvocincta*

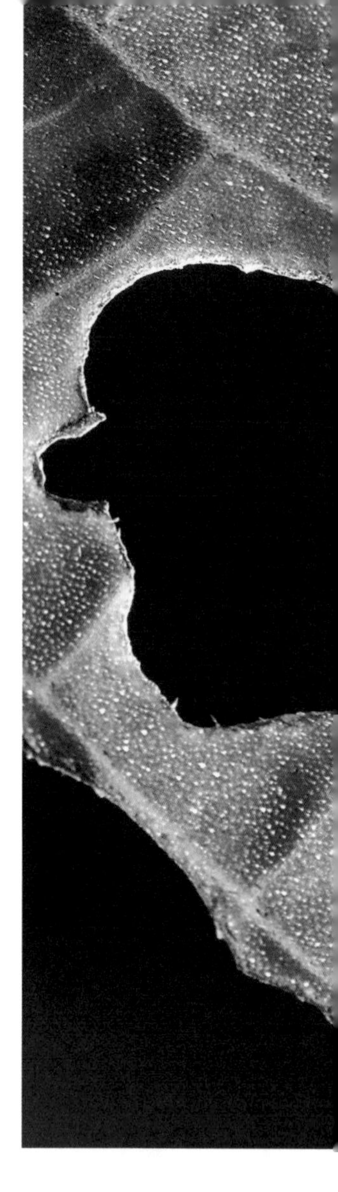

昆虫口器结构不同，咬痕的形态也会不一样，因此从叶片残留的洞可分辨是何种昆虫咬的。蝗虫具有发达的大颚，可直接咀嚼植物茎叶，而椿象具刺吸式口器无法咀嚼，被其吸食汁液后的叶片呈斑点状，这些都与口器的构造有关。

取食接骨草的叶蜂幼虫具咀嚼式大颚，它不像蜜蜂以嚼吸式取食，主要是摄食叶片，寄主专一，只要有接骨草植物就很容易发现它们。叶蜂幼虫腹足特别多，没有钩刺，附着力较差，所以经常要卷曲尾足以钩住枝叶，而这些特征可轻易分辨叶蜂和蝶蛾幼虫的不同。

海芋叶片上常见横列的小洞，这些咬痕乃为蝗虫的杰作，但怎么会横向取食且咬得很规则呢？原来

日期： 2012 年 2 月 29 日
地点： 土城（新北市）

1 2 3 | **1.** 淡黄迈脉叶蜂，成虫，常出现于有接骨草的地方。**2.** 圆斑食植瓢虫，寄主苎麻，只取食叶片的表层纤维。山中湖（新北市）**3.** 竹节虫把艳紫荆的叶片咬成许多孔洞，每片叶子都很像镂雕艺术品。甲仙（台南）

拍摄参数 F11 T1 / 60 ISO200 闪光灯补光

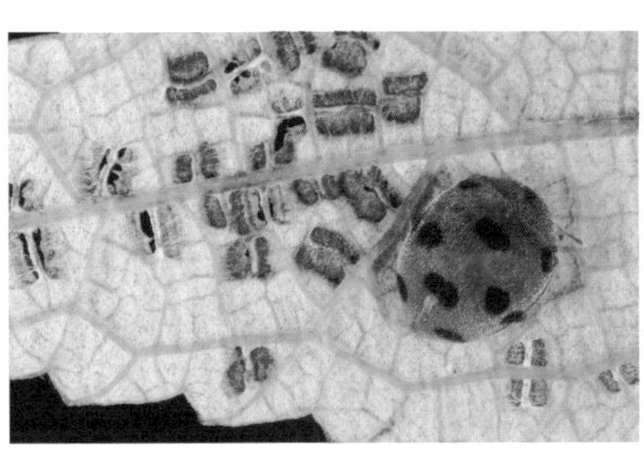

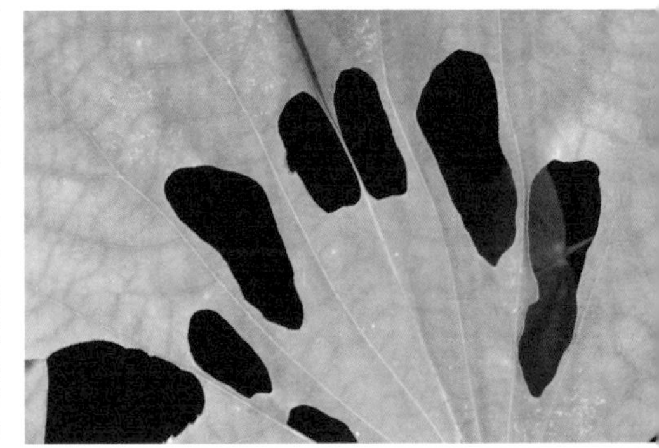

1 2 3 | 4

1. 铜绿丽金龟在寄主树上所留下的咬痕，它们都在晚上活动，白天不易看到。（高雄糖厂）
2. 蝗虫在海芋嫩叶上咬的，变成老叶后出现这种像剪纸的连续图案。青龙岭（新北市）
3. 拟稻蝗在水芋叶片上留下的咬痕。**4.** 甘薯龟金花虫在牵牛花叶片上留下的咬痕，孔洞很小，表示它们的体形不大。甘露寺（新北市）

叶上的洞不是新咬痕，而是嫩叶卷成筒状时被咬的，蝗虫只咬一口，就像剪纸一样形成连续性图案，看到咬痕时都已经变成老叶了。

主题延伸

棕长颈卷叶象取食山桂花，只刮食叶片上的纤维，取食速度很慢，较早刮食的颜色变暗，刚咬的部位呈鲜绿色，有些叶片破了个大洞，那是被取食的纤维经风吹日晒形成的，并非一开始就透空。

拍摄地点/瑞芳（新北市）

031

会吸血的昆虫

半翅目 | 猎椿科

红带锥猎蝽 *Triatoma rubrofasciata*

半翅目中有两种昆虫会吸人血，一种是在过去很普遍的床虱（臭虫），生活在环境较差的地方或公共场所，喜欢躲藏在床铺缝隙，通常于夜间活动。一旦被刺吸式口器吸血，伤口会溃烂。另一种是红带锥猎蝽，也是一种会吸血的椿象。

一天，朋友寄来一张昆虫照片询问我物种名称，他说家人被咬后伤口发炎溃烂，由于我也不知晓原因，因此请教当时在中兴大学读博士班的朋友，后来得知这种昆虫名为锥猎蝽。朋友要我把虫寄给他饲养看看，但因我担心邮寄过程中虫会饿死，便伸手给它叮咬。没想到小的若虫吸血不会痛，但成虫刺下去相当疼痛，使得我不敢继续让它吸血，因为看起来挺恐怖的。

据报道，有种“锥鼻虫”会吸食人类血液，寄生

日期： 2009 年 8 月 17 日
地点： 北港路（嘉义）

1 2 3 | **1.** 红带锥猎蝽，若虫，也会吸血。**2.** 床虱，又称臭虫，身体极扁，具刺吸式口器，能吸人血，也会吸食鸟、兔、鼠、蝙蝠等小型动物血液。新营（台南）**3.** 猫蚤，俗称跳蚤，主要寄生于猫、狗身上，是其临时的寄主。板桥（新北市）

拍摄参数 F16 T1 / 60 ISO200 闪光灯光源

其粪便的“锥虫”经人类搔抓后会从伤口进入人体，这种“查加斯氏病”正在美洲蔓延，造成多人死亡。专家表示，虽然中国台湾地区也有这种“锥鼻虫”，但是目前数量很少，而且它身上寄生的“美洲锥虫”病源在台湾地区并没有出现，所以人们毋须过度担心，而报道中所指的“锥鼻虫”就是红带锥猎蝽。

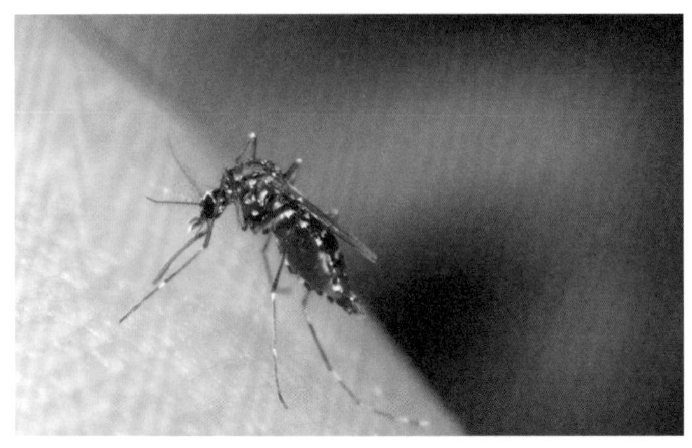

俗称蚊子，疟疾、黄热病、登革热都因蚊子而传播。土城（新北市）

台湾铗蠓，蠓科，通称小黑蚊，体形极小，肉眼不容易看到，伤口比被蚊子叮还痛痒。大坑山（台中）

主题延伸

蚂蝗，通称山蛭或旱蚂蟥，潜藏林下草丛，具灵敏的嗅觉。被蚂蝗咬到时不要仓促拔除，以免造成更大的伤口。这时应冷静以火点燃碰触，或涂抹白花油、绿油精即会脱离。许多人都有被蚂蝗咬到的经历，但它并不是昆虫喔！

拍摄地点/福山（宜兰）

千变万化的美丽外衣

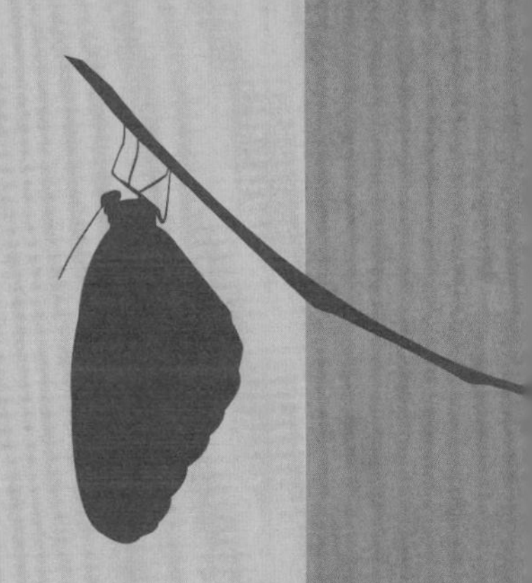

拍摄参数 F11 T1 / 60 ISO200 闪光灯补光

032

模仿枯叶的核桃美舟蛾

鳞翅目 | 舟蛾科

核桃美舟蛾 *Uropyia meticulodina*

日期：2007 年 7 月 13 日
地点：思源哑口（宜兰）

许多昆虫都喜欢模仿枯叶，像大家熟悉的枯叶蝶、枯叶蛾。我曾见过睇暮眼蝶遇到天敌时会像从树上飘落的枯叶一样，隐身于落叶中，这种模仿枯叶的伎俩具保护色作用，让天敌不易找到，是一种很有效的避敌术。

我最喜欢核桃美舟蛾，它模仿枯叶翻卷，就像是画家的画，相当传神。我在思源垭口和碧绿曾拍到它，但那两次它都是在晚上以趋光的形态停栖于地面，因此很想知道它们白天躲藏在哪里？对于蛾类我们所知有限，只知大多数的蛾是在夜晚活动，白天不容易看到，像枯叶夜蛾、大褐斑枯叶蛾、盾天蛾、闪光枯刺蛾、黄带拟叶夜蛾、艳叶夜蛾等，都是模仿枯叶的高手。

核桃美舟蛾分类于舟蛾科，从胸背板到前翅分割成两种颜色，较亮的部分还有三条斜向的斑纹，外缘呈凹陷的锯齿，翅面明暗对比明显，自然的线条宛如翻卷的落叶极富立体感。其实它的翅膀平平的并无翻卷，许多看过这种蛾的人，都对它模仿枯叶的惟妙惟肖技巧啧啧称奇。

核桃美舟蛾从正面看翅膀分成两种颜色，所以又称“双色美舟蛾”。

主题延伸

树上有二片枯叶，左边的枯叶端部有细长的叶柄，右边的枯叶一半褐色，一半绿色，乍看都是枯叶。其实右边是一只“枯叶尖鼻蛛”，它的头在上方，下方是腹部延伸成的尾巴，看起来很像枯叶的叶柄。

拍摄地点/虎头山（桃园）

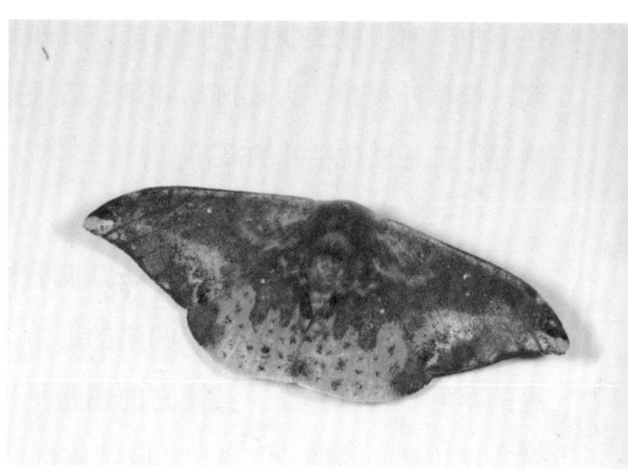

1 2 | **1.** 一片掉落在地面的榕树枯叶。板桥（新北市）**2.** 紫山钩蛾的翅膀很像枯叶，上面有像被虫咬的蚀痕，斑点、颜色都模仿得很像。天祥（花莲）

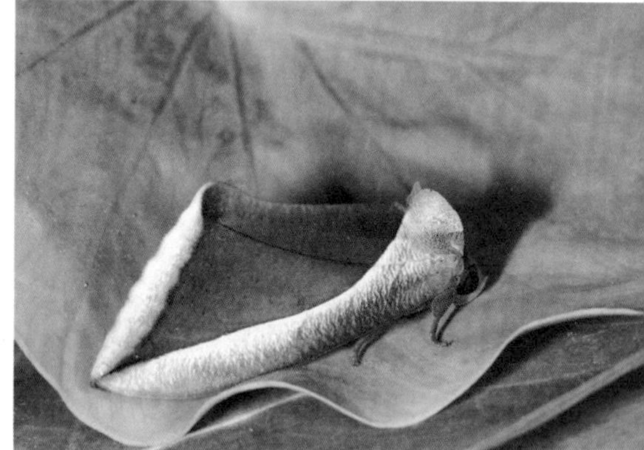

1 2 | **1.** 一片掉落地面，叶缘翻卷的枯叶。板桥（新北市）**2.** 艳叶夜蛾的前翅绿色，但边缘枯黄色，感觉很像自然翻卷，其实翅面是平的。埔里（南投）

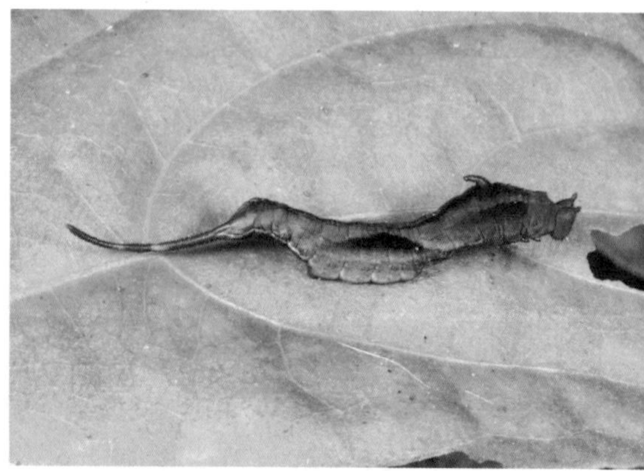

1 2 | **1.** 树叶上有一片黑褐色的枯叶，卷成长条状。土城（新北市）**2.** 波带钩蛾的幼虫刚好就在这株植物上，形态很像卷曲的枯叶，细长的尾巴像枯叶的叶柄。土城（新北市）

拍摄参数 F11 T1 / 60 ISO200 闪光灯补光

033

模仿地衣的黄基粉尺蛾

鳞翅目 | 尺蛾科

黄基粉尺蛾 *Pingasa ruginaria*

日期：2009 年 11 月 19 日
地点：大湖公园（台北）

我在大湖公园的某树干上发现许多地衣，形状不规则，再仔细看地衣上面竟贴着一只黄基粉尺蛾。这种蛾很常见，但它的翅膀颜色变成粉绿，斑纹也和树皮一样，身体看起来很薄，乍看分不清是地衣还是蛾。它能随着环境改变颜色，据我推测，它化身为地衣的模样贴在那里应该有好几天了。

之后我又在阳明山拍到模仿地衣的高手蓬莱蛾蜡蝉。树干分枝处有一些地衣，蓬莱蛾蜡蝉就贴在地衣上面，体背的颜色和地衣一模一样，后来得知并不是所有蓬莱蛾蜡蝉都喜欢用地衣来伪装。有一次在九芎树上发现全身泛白的个体，而附近的颜色也是白色的；还有一次在太平山见到蓬莱蛾蜡蝉贴在树叶上，身体则变成绿色。这些发现让我觉得昆虫很聪明，也许它们会思考，不然怎么知道在哪一种环境必须换哪一套衣服呢？

黄基粉尺蛾平贴在树干上，形状很像旁边的地衣。

主题延伸

雅美翠夜蛾的外形很像另一种地衣，你找得到它吗？这种地衣呈叶片状，以假根固着在树干。地衣生长所需的物质主要来自雨露和尘埃，大部分地衣要求新鲜空气，因此在人烟稠密或工业城市见不到地衣。

拍摄地点/杉林溪（南投）

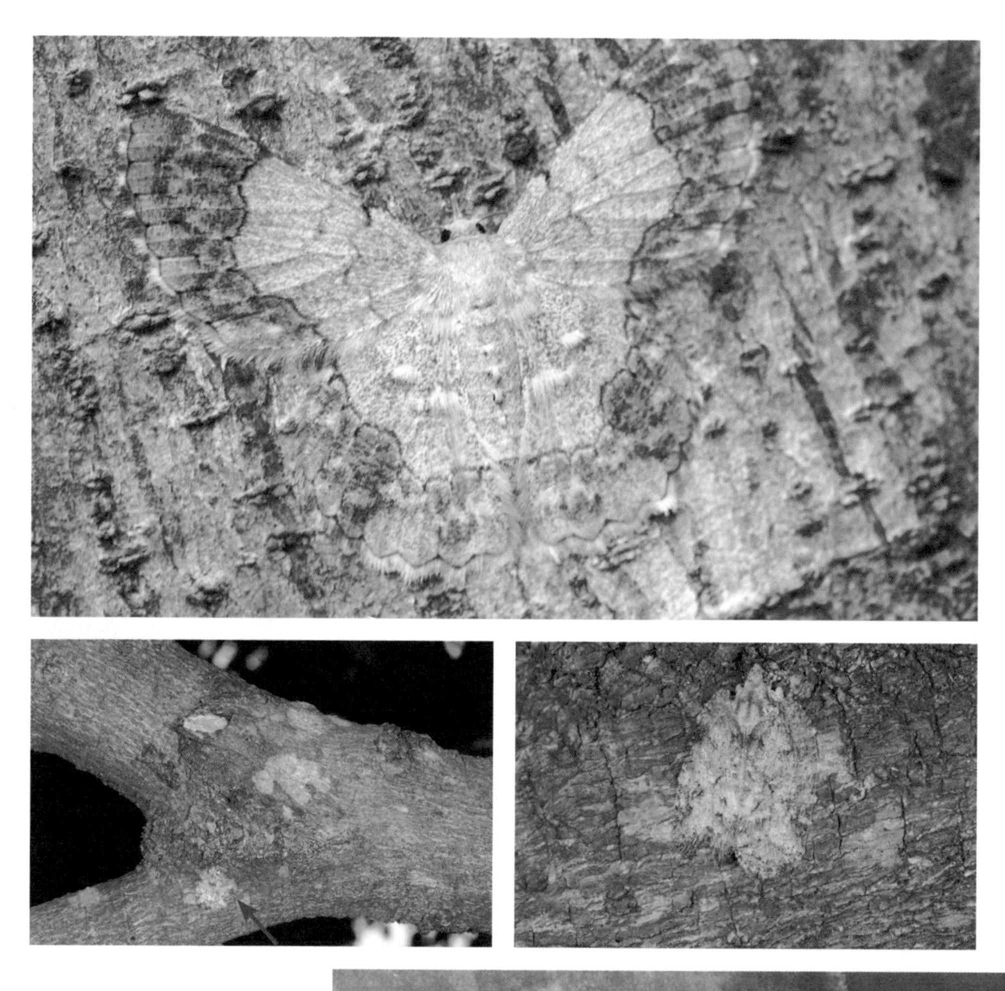

1. 近看才知道是黄基粉尺蛾，翅膀粉绿色，斑纹与树皮很类似。**2.** 蓬莱蛾蜡蝉也喜欢地衣，全身贴在地衣上，要找到它并不容易。**3.** 近看蓬莱蛾蜡蝉，身上的颜色和地衣一模一样。**4.** 在太平山发现的蓬莱蛾蜡蝉贴在树叶上，颜色也变得比较绿。太平山（宜兰）

034

模仿地衣的灰爱昵夜蛾

鳞翅目 | 夜蛾科

灰爱昵夜蛾 *Enispa bimaculata*

在宜兰山区发现一只伪装成地衣的幼虫，它有一个近似三角形的头部，外形宛如举起双手的人形，平贴在地衣上。我用手碰触，它便拱起身体离开，动作像尺蠖蛾，头尾不容易分辨，但可清楚地看到向前爬行那端有三对胸足，中间拱起，末端平贴地面。这表示它没有腹足，所以行进时要像量尺一样，一尺一尺地往前行，但它们并不是尺蛾科。

自从见过这种行为后，我都会在有地衣的树干上寻找灰爱昵夜蛾幼虫的身影，观察它取食地衣的模样。它的头部能 360 度转动，将咬碎的地衣黏附在身体的每一个部位。灰爱昵夜蛾幼虫的身体没有密生的毛刺保护，只好以消极的方法将地衣碎屑黏附在身上，将自己隐藏起来。

日期： 2009 年 2 月 25 日
地点： 天祥（花莲）

1 2 3 | **1.** 某种昵夜蛾的成虫。观雾（新竹）**2.** 地衣中央有一只很小的昆虫，它就是灰爱昵夜蛾的幼虫。独立山（宜兰）**3.** 灰爱昵夜蛾幼虫受到骚扰便向前爬行，身体拱起像尺蠖。独立山（宜兰）

拍摄参数 F8 T1 / 125 ISO200 自然光源

有一年在天祥的枫树上看到很多幼虫以不同姿态平贴不动，如果没有观察它的经验，你会很难发现眼前的地衣竟是灰爱昵夜蛾幼虫。幼虫化蛹以丝垂挂，茧也裹满碎屑，一直到羽化成蛾才会离开地衣。

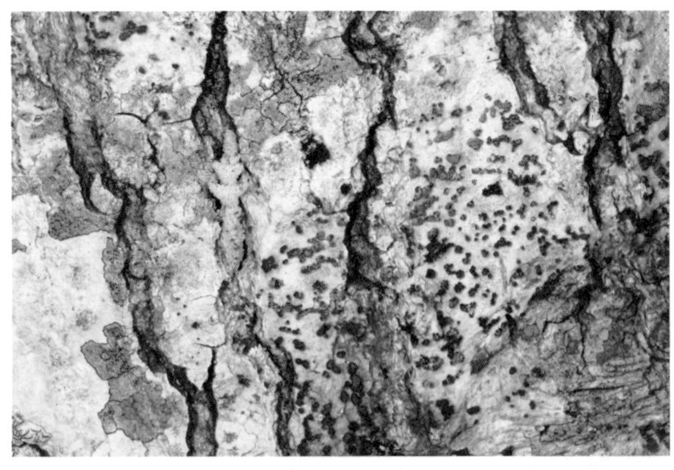

在天祥的一棵枫树上看到很多灰爱昵夜蛾幼虫，隐身在地衣的环境里不容易被人发现。

灰爱昵夜蛾躲藏在隙缝里，身体有伪装的突起，很难想象它们是一种幼虫。

主题延伸

砧夜蛾幼虫跟灰爱昵夜蛾一样会伪装，它用啃咬树干的碎屑将全身都包裹起来。头部看起来很大，尾部及背上有突起，连眼睛都盖住了，但受到骚扰时它的爬行速度却很快，情急之下也会掉落到地面装死。

拍摄地点/杉涛（苗栗）

拍摄参数 F8 T1 / 125 ISO400 自然光源

035

模仿树皮的耳叶蝉

半翅目 | 叶蝉科

耳叶蝉 *Ledra* sp.

日期： 2011 年 3 月 19 日
地点： 和美山（新北市）

树皮也是昆虫喜爱模仿的对象，大家所熟悉的琉璃蛱蝶，它的翅腹面就很像树皮；扁蝽一生都躲藏在树皮里；广西瘤竹节虫体态酷似树皮；黑腰尺蛾贴在树干上，一整天也不怕天敌找上门。

我在新店和美山拍到一只耳叶蝉的若虫，它栖息在树干上，它的斑纹几乎与树皮一模一样，或许它对自己的模仿能力深具信心，因此我拍了很久，它一点也不惊慌地待在原地。我拿照片给友人看，很多人在照片中找不到这只虫。耳叶蝉是头喙亚目*的昆虫，若虫无翅，才会以伪装保护自己；成虫长了翅膀，遇到骚扰会立刻飞走，跟若虫的反应完全不一样。

有两种昆虫以树皮命名，“树皮螳螂”比较稀少，模仿树皮的功力高超，很多人没见过这种螳螂；另一种“树皮蟋蟀”比较多见，白天躲藏在树皮的隙缝里，拨开倒木的树皮就会看到这种蟋蟀，它通常树栖，不会爬到地面活动。

耳叶蝉，若虫没有翅膀。

主题延伸

褐恰舟蛾前翅一半褐色，一半绿色，前半部像剥了皮的树干，后半部长满青苔，很难想象这些由鳞片构成的翅膀，能够显现这么写实的图案，且斑纹十分立体。

拍摄地点/埔里（南投）

---

*简体中文版校订者注：原书为“同翅亚目”，是一种习惯性的用法，事实上并无“同翅亚目”的分类阶元。原“同翅目”并入半翅目，为半翅目的三个亚目：鞘喙亚目、胸喙亚目、头喙亚目。

我将耳叶蝉移到另一片树皮上，它立刻趴下，一点也不惊慌地待在原地，以为自己的装扮没有“人”会发现。

你找到这只耳叶蝉了吗？原来它栖息在那里，若没有以白线标示，还真不容易发现它。

1 2 | **1.** 树皮螳螂模仿树皮的技巧高明，很多人没见过这种螳螂。南横（台南）**2.** 拨开倒木的树皮常会看到树皮蟋蟀，由于它是树栖，因此不会爬到地面活动。惠荪（南投）

拍摄参数 F8 T1 / 60 ISO400 自然光源（林劲吾摄）

036

模仿蛇头的乌桕天蚕蛾

鳞翅目 | 天蚕蛾科

乌桕天蚕蛾

Attacus atlas formosanus

日期：2003 年 8 月 1 日
地点：福山（宜兰）

一只刚羽化的乌桕天蚕蛾，脚挂在像袋子的茧上，翅膀上的斑纹鲜艳，翅端各长出一个像蛇头的突起，上头有宛如蛇眼的黑点，神态看起来颇为吓人。

乌桕天蚕蛾分类于天蚕蛾科，共有 18 个左右的近缘种类。* 其体形很大，展翅可达 30 厘米，被认为是世界上目前已知种类中最大的蛾，

* 简体中文版校订者注：原书为“共有 16 种”。

因它的翅端模仿蛇的头部，故有“蛇头蛾”之称。它白天通常栖息在隐秘的树林里，夜晚则会趋光飞到路灯下，大多停在很高的电线杆上，有时则会停栖在山区的住家墙上。

大多数蛾类的幼虫很像小蛇，大斑波纹钩蛾的幼虫会模仿百步蛇，台湾茶蚕蛾的幼虫喜欢壮大声势，聚集在一起看起来就像条大蟒蛇，让天敌见了受到惊吓而不敢猎食。据传阿里山有只“神蝶”经常飞进庙里，附着在玄天上帝的身上很像佩饰，其实它就是枯球箩纹蛾。它的翅膀很像蛇皮，前翅后缘的球状图形和细腻的波状线纹乍看之下又很像毕加索的画，不禁让人赞叹造物者的巧夺天工啊！

乌桕天蚕蛾在翅端模仿这种蛇，又称“蛇头蛾”。利嘉（台东）

主题延伸

鹤顶红粉蝶幼虫外形像一条青蛇，主要以山柑科的鱼木为寄主，它用腹端的尾足固定在叶柄基部，身体挺直，除了觅食外，一整天都保持这种警戒状态，堪称是一种最有耐心的小虫。

拍摄地点／安坑（新北市）

1 2
3 4
5

1. 大斑波纹蛾，幼虫长得很像百步蛇。冷水坑（新北市）**2.** 镶落叶夜蛾，经常以这种姿态爬行，身上具有鲜艳的警戒色。阳明山（新北市）**3.** 台湾茶蚕蛾的幼虫，喜欢群聚壮大声势，吓唬天敌。三峡（新北市）**4.** 枯球箩纹蛾，阿里山区称它“神蝶”，体形很大，翅膀上的球状图案、斑点和波状肌理很像蛇皮，在蛾类家族里十分特别。藤枝（屏东）**5.** 枯球箩纹蛾翅膀上的图案真是巧夺天工，令人叹为观止。阿里山（嘉义）

拍摄参数 F16 T1 / 60 ISO200 闪光灯补光

037

用来吓人的黑斑

鳞翅目 | 毒蛾科

线茸毒蛾

Calliteara grotei horishanella

日期： 2008 年 2 月 17 日

地点： 青云路（新北市）

线茸毒蛾幼虫寄主月桃、密花苎麻、姑婆芋等多种植物，会吐丝卷叶为巢。幼虫躲在巢里比暴露在外面安全，但仍有天敌会去啄食卷叶，因此在紧急关头它还有一招保命，就是将头部后方的毛绒掀开，露出一个很大的黑斑吓唬敌人。它全身都呈黄色，因此这种黄、黑对比就是最好的警戒色。不过，也常看到它离巢到处乱爬，或许是有这个保命的黑斑才如此大胆吧！

在昆虫中还有一种褐带蛾，其幼虫身体呈毛茸茸的黄色，栖息时，毛端会呈一束束的小黑点，当遇到危险时会立刻掀开毛丛，露出黑色带紫的大斑吓人。有趣的是这两种幼虫羽化为成虫后，翅膀都是淡褐色，不再有警戒色，而是以近似枯叶的保护色融入环境中。

毒蛾幼虫保命的伎俩除了卷叶为巢、显露警戒色外，当人碰触到它身上的毛刺时也会引起过敏，所以看似弱小的毛毛虫，即使人类也不敢随意靠近。

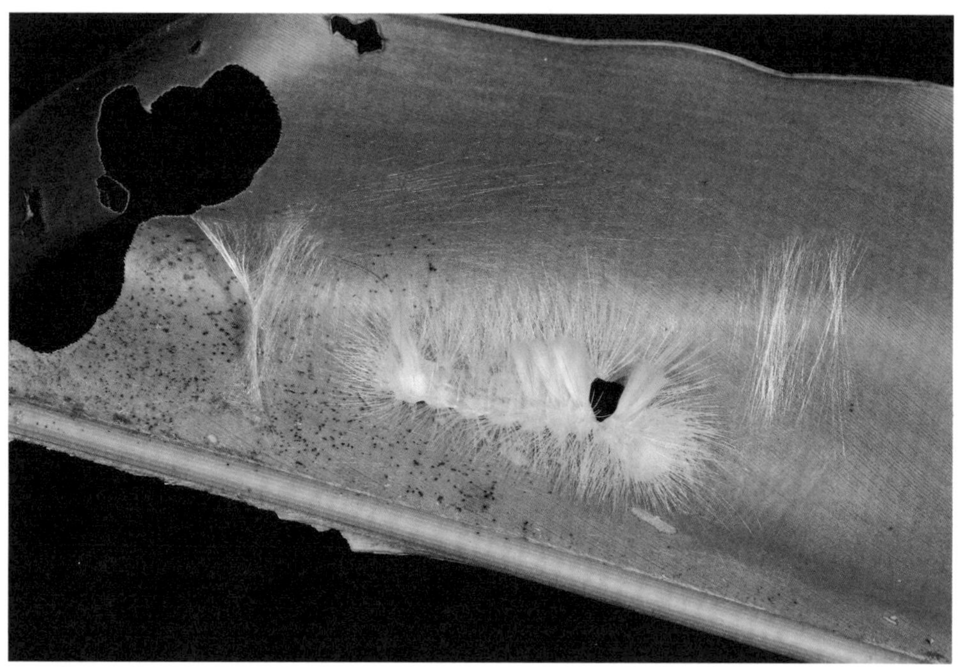

线茸毒蛾幼虫遇到危急时，头部后方的黄色黑斑会显露出来。

主题延伸

艳叶夜蛾，前翅绿色，黄褐色翅缘像翻卷的枯叶，平常只露出前翅贴在树干上。若遇到天敌，它会展开前翅，露出鲜艳的后翅和斑点，其胸背板还有一个模仿人脸的图腾。

拍摄地点 / 天祥（花莲）

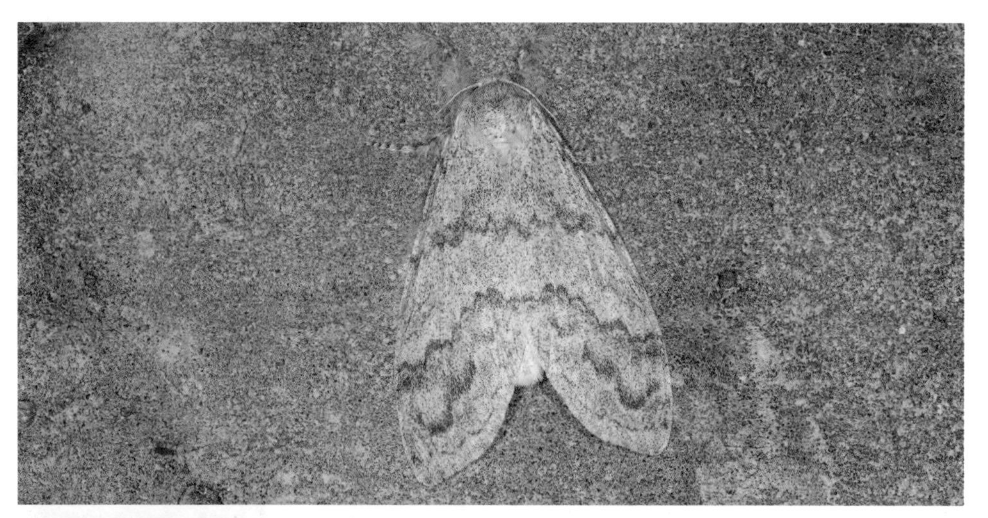

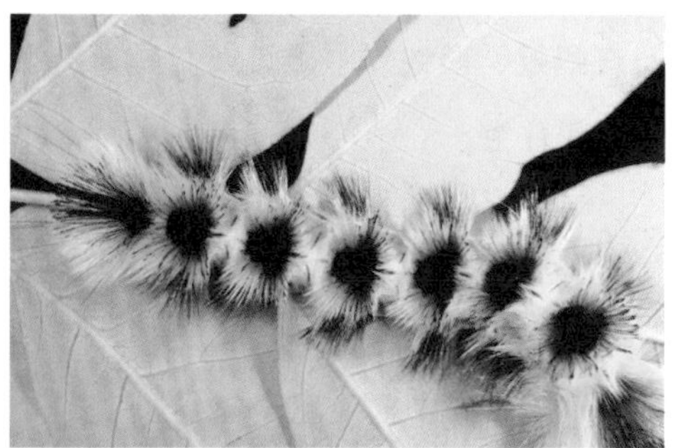

1
2 3
4

1. 线茸毒蛾，成虫淡褐色，以保护色融入环境中。拉拉山（桃园）**2.** 褐带蛾幼虫黄色，身上的束毛端有黑色斑点。拉拉山（桃园）**3.** 褐带蛾幼虫遇到天敌，体背的毛束会掀开，露出带紫色的黑斑吓人。观雾（新竹）**4.** 褐带蛾，成虫不再具有警戒色，以像枯叶的形态隐藏起来。观雾（新竹）

038

衣鱼的一生

衣鱼目 | 衣鱼科

糖衣鱼 *Lepisma saccharina*

衣鱼外形酷似鱼，故有衣鱼、蠹鱼、银鱼等称呼，习性惧光，通常于夜晚活动。

衣鱼出现在地球上已有 3 亿年之久，堪称是地球上的活化石。多数衣鱼生活在地面的落叶下，有些栖息在蚂蚁、白蚁窝中，而人们最为熟悉的种类则栖息在人类住宅。

糖衣鱼全身披银白色鳞片，复眼小，单眼退化，触角丝状，具咀嚼式口器，其寿命可达 2～8 年，一生蜕皮多达 60 次。栖息在家中的糖衣鱼以衣物纤维、纸类为食，耐饥性强，连自己脱的皮也吃。繁殖时，雄虫产下一个由薄纱包住的精囊，雌虫会找到该精囊，拾取作受精用。雌虫一次可产约 100 粒卵，家中虽然有衣鱼，但对人体无害。

日期： 2009 年 2 月 21 日
地点： 中和（新北市）

1 2 3 | **1.** 野外的衣鱼，栖息于落叶或杂草下。基隆屿（基隆）**2.** 衣鱼身上布满鳞片，用手摸这些鳞片，它就会像蝴蝶翅膀上的鳞片一样脱落。**3.** 衣鱼的复眼构造简单，由 14～15 颗小眼构成，视力不好，夜行性，以触角和体侧的感觉活动。

拍摄参数 F16 T1 / 60 ISO100 闪光灯光源

有一次，一只衣鱼从计算机桌爬过，我以胶带圈盖住，上面再盖上垫板，接着丢下一张卫生纸，没想到放置一个月后它还活着。不仅如此，其外形从银白色的幼体变成深褐色，它把纸张咬得千疮百孔，且把脱下来的皮都吃掉了。蜘蛛、蝇虎等是衣鱼的天敌，遇到天敌时它会不停地摆动尾丝以诱使天敌猎捕该处，然后它就能断尾求生。

1 2 | **1.** 这只衣鱼被我关了一个月，滴水不沾，只吃卫生纸。原来衣鱼不需饮水，因为它们体内组织中有氢元素，吃下的食物与氢产生化学作用，就能自行产生身体所需的水分。**2.** 被衣鱼吃掉的卫生纸，上面留下许多咬痕和孔洞。

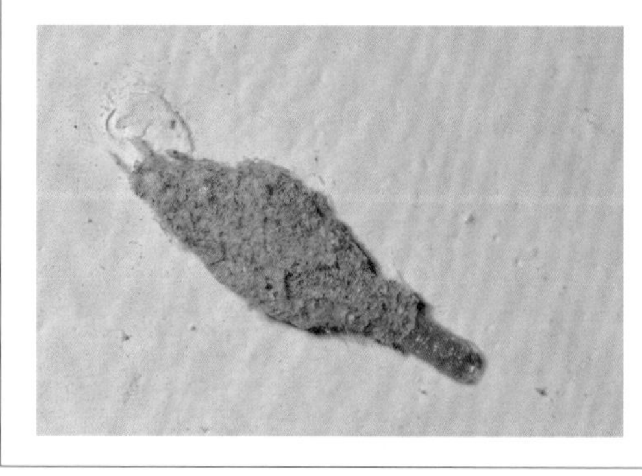

主题延伸

“衣蛾”是一种谷蛾科的蛾类，幼虫呈圆柱形具环节，生活于住家墙壁或衣柜，能咬碎屑吐丝结巢，形状像一个扁袋子。幼虫以衣物、毛料等纤维为食，夜晚在灯光下可见到羽化后的成虫飞行。

拍摄地点 / 板桥（新北市）

拍摄参数 F16 T1 / 60 ISO200 闪光灯光源

039

螗蝉的羽化

半翅目 | 蝉科

绿螗蝉 *Tanna viridis*

日期：2004 年 7 月 20 日
地点：清境（南投）

我在清境民宿的栅栏上发现一只准备羽化的蝉的老熟若虫，那时它的胸部背板已经裂开，因此我决定用相机把整个过程记录下来。当时已经晚上 8 点，经过半个小时的等待，若虫背部的外壳完全裂开，再过了 8 分钟，终于露出了两颗乌黑的眼睛。这时它的胸部隆突，腹部渐渐收窄，羽化的速度加快，5 分钟后翅膀抽出来了，身体往后倾斜 90 度，6 分钟后脚也全部抽出来了。我越拍越激动，几乎跟不上它的节奏，这时又看到它使尽力气挺身，6 只脚攀在旧壳上，

1. 首先看到老熟若虫的胸背板裂开一条缝。

2. 大约经过半个小时，可见两颗乌黑的眼睛。

5. 再以仰卧起坐般的力道，将 6 只脚攀在蝉蜕上，翅膀垂放。

6. 绿螗蝉的翅膀露出来了！

翅膀垂放，全身皆显露出来挂在蝉蜕上，翅膀渐渐扩大。我赶紧又加了一支小闪光灯，以让身体呈现透明微亮的气氛。这时我已经忘了计数时间，只知拍完最后一张，翅脉已清晰可见，这时时间也来到晚上 9 点 30 分，前后大约花了 1 个半小时。

隔天早上再去寻找这只蝉的踪影，它已不见了，只留下空壳，听到附近很多绿螗蝉的叫声，我猜想这些蝉应该就是在昨晚羽化，而且数量不少。

羽化过程看似简单，其实内部乃由剧烈变动产生，因此有人把一个人的思想达到一定的层次，领悟到人生最高境界比喻为“羽化”。

3. 全身都显露出来，翅膀也渐渐扩大。

4. 6 只脚也露出来，身体与蝉蜕呈 90° 角。

7. 经过一个半小时，翅脉清晰可见。

8. 最后变成绿色，隔日太阳出来前它会飞走。

主题延伸

大帛斑蝶羽化的前一天，蛹壳呈透明状，蛹内会分泌一种液体，这时翅膀花纹清晰可见，等蛹内的液体干了以后，蝴蝶的身体与蛹壳分离，才能破蛹而出，羽化成蝶。羽化过程也在晚上进行，清晨飞离。

拍摄地点 / 安坑（新北市）

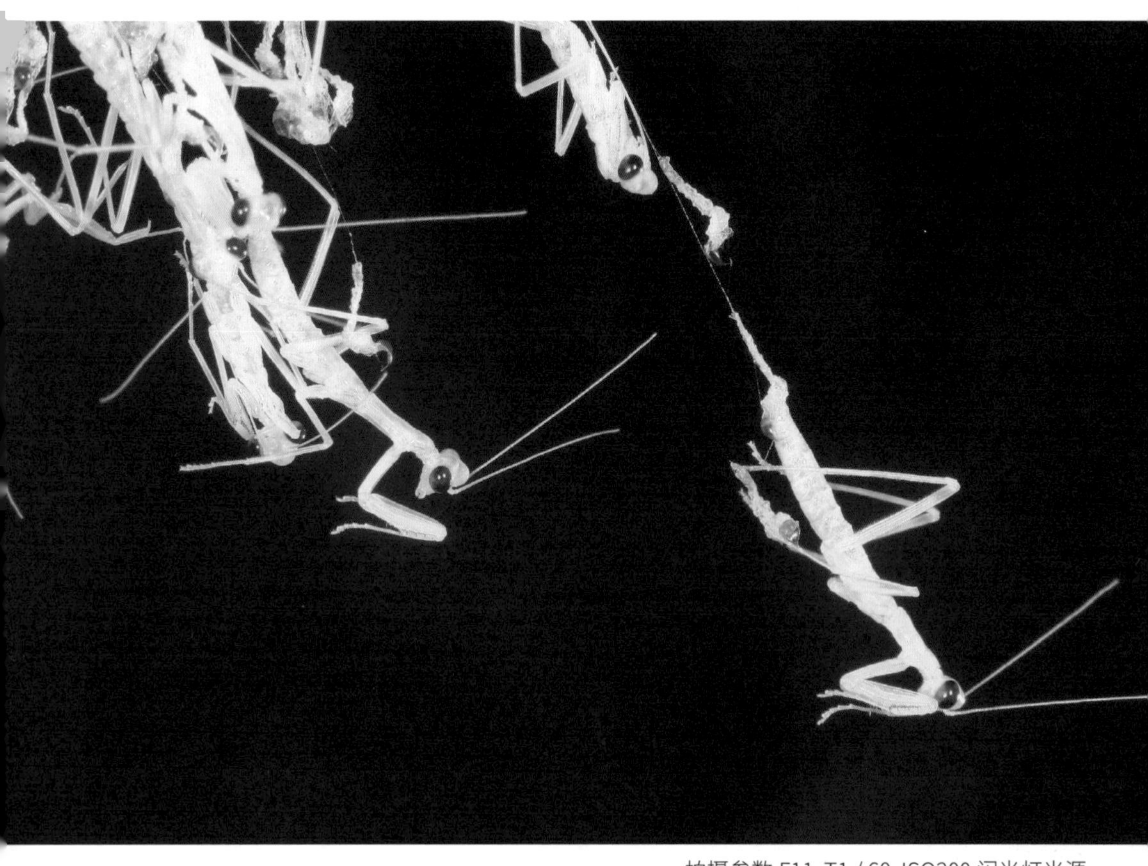

拍摄参数 F11 T1 / 60 ISO200 闪光灯光源

040

螳螂的孵化

螳螂目 | 螳螂科

双突斧螳 *Hierodula bipapilla*

日期： 2005 年 5 月 4 日
地点： 芝山岩（台北）

有天把枯叶大刀螳和双突斧螳的螵蛸带回家。一天晚上，发现有一只像蛆一样的虫以蠕动姿势从螵蛸钻了出来，眼睛好大。不到 5 分钟，又有虫从另一个孔洞一只接着一只地钻出来，数都来不及，全都掉落到桌上层层相叠。这时，最早钻出来的那只伸展着 6 只脚。仔细一看！原来是枯叶大刀螳的若虫，数一数共有 50 只，仿佛事先约定，它们都一起诞生到这个世界。到了隔日，双突斧螳的螵蛸也孵化了。

同年5月，我在芝山岩的一处隐秘林下，发现双突斧螳的螵蛸，刚孵化的若虫从洞里钻出，腹部末端系着一条丝线倒挂在半空中，许多若虫挤在一起，并从腹端蜕皮粘在丝线上。原来刚孵化的若虫会马上蜕皮，蜕皮后才算是一龄若虫。

挂在丝线上的若虫于空中摇荡，好像马戏团表演钢索的舞者。过了一段时间后，它们都垂降到地面，多数的若虫会沿着前面的脚步往另一棵树上爬，躲到枝叶间开始学习觅食，经过8～9次蜕皮后羽化为成虫，这就是螳螂的一生。

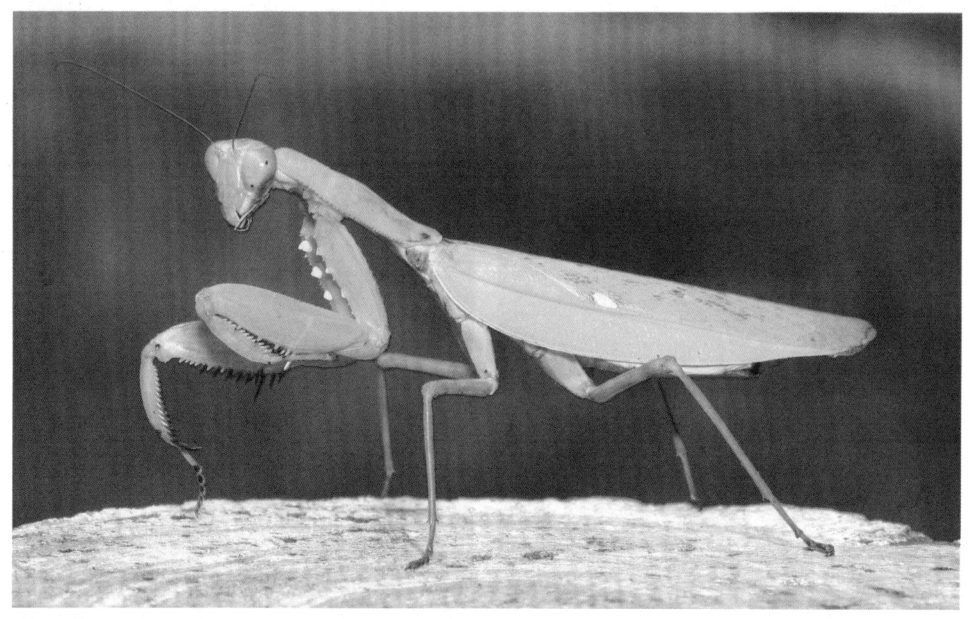

双突斧螳的成虫，前翅各有一枚白斑。山中湖（新北市）

主题延伸

刚羽化的“蜉蝣”必须经过蜕皮才算成虫，未蜕皮前称为“亚成虫”，翅膀不透明。成虫翅膀透明，生命很短，交配后雌虫会把卵产在水中，每粒卵都具伸展的纤毛，能缠附水草或水底的砂石等待孵化。

拍摄地点/贡寮（新北市）

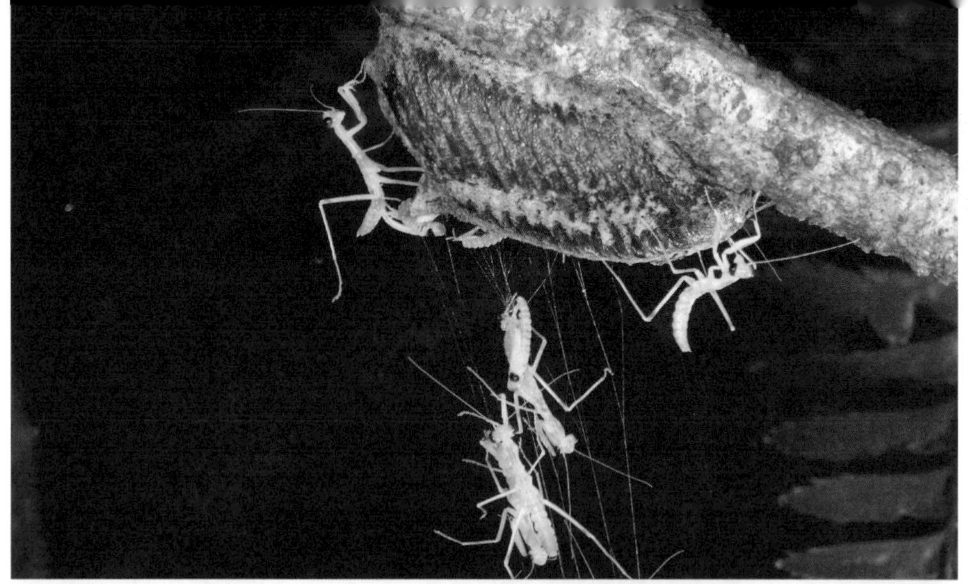

1. 双突斧螳的螵蛸，孵化出若虫。**2.** 若虫扭动身体从洞孔中钻出。**3.** 数量很多的若虫在同一时间孵化，拉出一条丝垂挂。**4.** 刚孵化的若虫身体嫩黄，挂在丝线上准备蜕皮，蜕皮后成为一龄若虫。**5.** 这是枯叶大刀螳的螵蛸，形状松软宽大，它们好像事先约定般地一起诞生到这个世界。板桥（新北市）

拍摄参数 F16 T1 / 60 ISO400 闪光灯光源

041

拟态——谁像谁

鞘翅目 | 拟步甲科

瓢拟步甲 *Derispia* sp.

日期： 2005 年 3 月 15 日
地点： 明池（宜兰）

拟态，是指一种生物为了活命，模拟另一种生物而获得好处的现象。拟态的形式主要有：（1）贝氏拟态，为无毒害物种，借由模拟有害物种而获利；（2）穆氏拟态，为两种皆不可口的物种彼此拟态，从而使猎食者无法辨识而保命；（3）侵略性拟态，为掠食者拟态，为无害物种，以欺骗行为取得猎物。

就字义来说，拟态还真不容易懂。在山上拍照常常被一些斑纹近似的昆虫欺骗，像是在潮湿多苔藓的树干或岩石上看到很多颜色鲜艳的瓢虫，拼命地按快门捕捉画面，最后才知道它们并不是瓢虫，而是一种瓢拟步甲；即便看到常见的蚂蚁也会受骗，其实它们是蛛缘蝽、花螳的若虫，有些蚁蛛长相跟蚂蚁极度相似。许多昆虫幼生期都偏爱拟态蚂蚁，因为蚂蚁具有大颚、蚁酸或螯针，天敌都不敢摄食，拟态者透过拟态能够保命，观察这种行为真的十分有趣。

小艳瓢虫，触角较细且尖，具绒毛。甘露寺（新北市）

主题延伸

日本蚁蛛，即使它也能注射麻醉剂猎捕小昆虫，但跟蚂蚁相比还是略逊一筹，所以蚁蛛也喜爱拟态蚂蚁，可从蚁蛛的 8 只脚和头、胸愈合来区分它不是蚂蚁。

拍摄地点 / 土城（新北市）

1 2 | **1.** 银线灰蝶，翅膀上的黑色条纹内具银色光泽。土城（新北市）**2.** 黄银线灰蝶，翅膀上的黑色条纹内不具银色光泽。上巴陵（桃园）

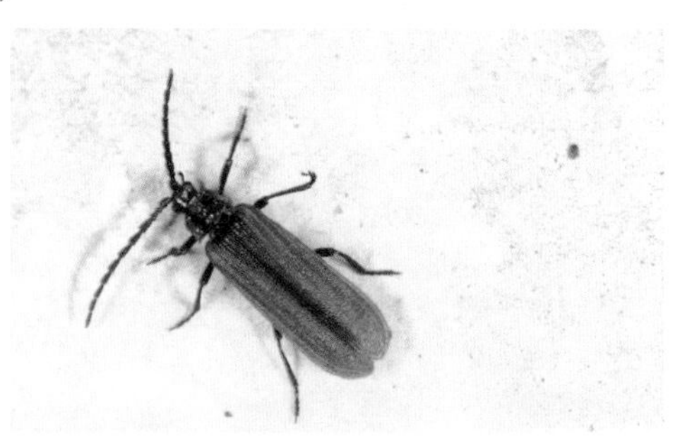

1 2 | **1.** 鹿野氏黑脉萤，翅鞘粉红色，触角呈锯齿状。土城（新北市）**2.** 红萤，翅鞘橙褐色，触角不呈锯齿状。翠峰（南投）

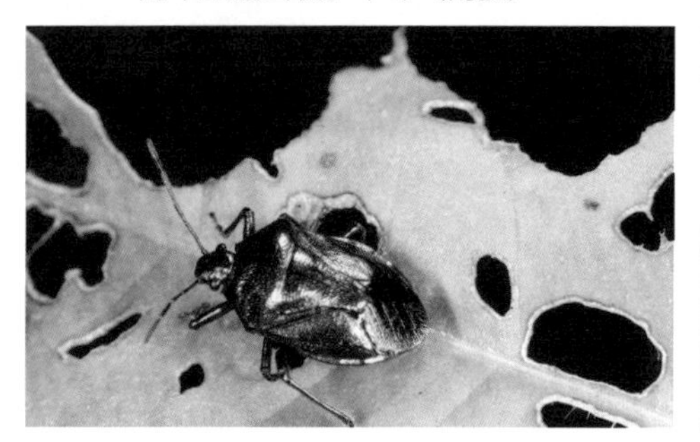

1 2 | **1.** 蓝益蝽拟态蓝叶甲，喜欢潜入它的寄主植物环境里猎食若虫。雾台（屏东）**2.** 蓝叶甲虫成为被拟态对象，变成受害者。阳明山（台北）

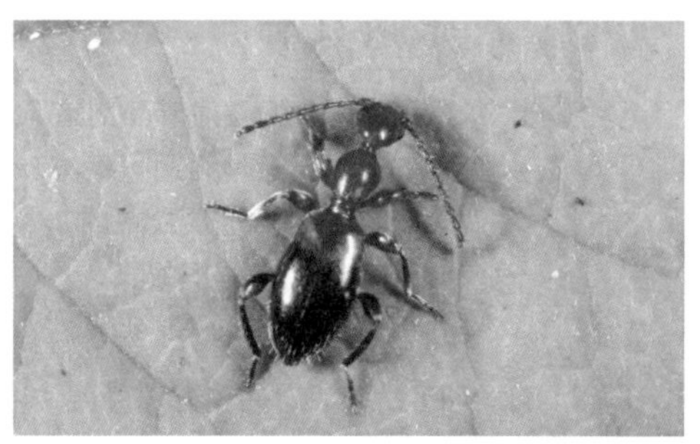
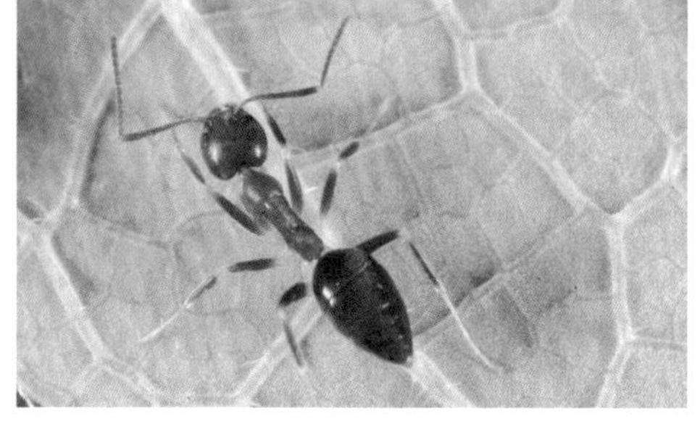

1 2 | **1.** 蚁形甲拟态蚂蚁，可从触角分辨。狮额山（台南）**2.** 剑形虹臭蚁具有攻击能力，成为被拟态对象，辨识上可从膝状的触角区分。甘露寺（新北市）

拍摄参数 F5.6 T1 / 60 ISO400 闪光灯补光

042

被鬼脸天蛾吓到了

鳞翅目 | 天蛾科

鬼脸天蛾 *Acherontia lachesis*

日期： 2005 年 7 月 8 日
地点： 二子坪（台北）

一天我到阳明山二子坪公园，那天烟雾弥漫，暮蝉如怨如慕、如泣如诉地鸣叫，当时游客都已下山，我在幽深的树林里发现一个怪老翁鬼魅地贴着树干，若站若坐獠牙张嘴瞪着我。它就是声名远播的“鬼脸天蛾”。再看这个老翁也很像禅定的高僧，头上戴着灰色布巾，右边露出巾辫，两眼端正，神情泰然，不过那红色大牙让人猜不透是善是恶，是魔鬼还是高僧。后来，我在鞍马山庄的路灯下又再次看到它，这次我就用手去摸那张鬼脸，没想到它竟发出

“咕、咕”的叫声，模仿起猫头鹰的叫声来吓唬天敌。

具有鬼面样的昆虫，还有鬼面蝽、魔目夜蛾、鬼锹形虫和鬼面蛛（也称妖面蛛）、鬼蛛等，它们怎么知道鬼的模样呢？原来这是一种“拟态”行为，目的是吓阻天敌，有趣的是不仅人类怕“鬼”，连它的天敌也知道“鬼”就是长这副模样，这么看来，这世间真的有“鬼”啰！其实这些都是以人为本位的想象，昆虫像不像“鬼”跟我们想象中的“鬼”根本扯不上关系。

鬼面蛛（也称妖面蛛）昼伏夜出，以抛网捕食猎物。工研院（台南）

主题延伸

鬼面蝽（也称鲁牙蝽），具刺吸式口器，遇到骚扰会释放腥臭味进行防御。除了这个招数外，其小盾片宽长，上有两枚黑点，末端黄色舌状，乍看像张牙咧嘴装扮的鬼脸，不过它只在白天现身，是一只大白天出现的“鬼”。

拍摄地点/桶后（新北市）

1 2 3 4

1. 鬼脸天蛾宛如禅定的高僧，头上戴着灰色的布巾，右边露出巾辫，神情泰然。二子坪（台北）**2.** 鬼脸天蛾有一张像“鬼”的容貌。瑞芳（新北市）**3.** “鬼脸”也有个体差异，有胖有瘦，有老有少。牡丹（新北市）**4.** 从另一个角度看“鬼脸”，其实是前胸背板，真正的脸在头部下方。埔里（南投）

拍摄参数 F11 T1 / 60 ISO400 闪光灯补光

043

刺秃蝗的大门牙真有趣

直翅目 | 蝗科

刺秃蝗 *Parapodisma* sp.

日期： 2004 年 9 月 29 日
地点： 北横（新竹）

蝗虫都具有一张类似人类表情的脸谱，额宽，上唇具齿状排列。“脸谱”除了有善恶表情外，颜色也具有忠贞、正直、阴险、骁勇、神怪等象征，人类追求时尚喜欢化妆，但昆虫的“脸”并不像人类那样爱美，每一种昆虫脸部的构造不同，呈现的“装扮”也不一样，但通常目的只有一个，那就是“吓唬天敌”。

我在北横拍过一只刺秃蝗，两只大眼长在头顶，左右各有一个小黑点，额很宽，中央像鼻梁突起，下方有一排好大的牙齿，上下各有5颗，它以前脚攀附在岩石上对着我咧嘴笑个不停，难道是知道我在拍照才摆出这副表情吗？有位朋友家开设有牙科诊所，跟我要这张照片贴在诊所给客人看，实在很有趣。

话说刺秃蝗的牙齿需不需要医生问诊呢？它的暴牙需要矫正吗？也许还有蛀牙呢！其实，那排齿状排列的构造并不是刺秃蝗的牙齿，而是“上唇”，真正的大牙则藏在唇下，所以张牙咧嘴只是一种“模仿”，主要是为了吓唬天敌。

刺秃蝗的翅膀很短，侧生。加九寮（新北市）

主题延伸

褐脉露螽擅于啃食叶片，其口器由一片上唇、一片下唇、一对大颚、小颚及一片舌所构成，大颚坚硬适合咀嚼，下唇用来托挡食物，小颚和下唇各生两条具有触觉和味觉作用的唇须。

拍摄地点/瑞芳（新北市）

1 2
3 4
5 6

1. 刺秃蝗脸部有两排白色的大牙，那是上唇，用来吓唬天敌。阿里山（嘉义）**2.** 棉蝗上唇也有类似大牙的装扮，但“牙齿”是绿色的。基隆河（新北市）**3.** 白条褐蝗上唇的大牙装扮较小，表情很可爱。五尖山（新北市）**4.** 短翅凸额蝗上唇也有大牙装扮，看起来像骷髅头。桶后（新北市）**5.** 条纹褐蝗脸部很长，表情相当生动。青云路（新北市）**6.** 负蝗的脸部也很长，上唇有一条横向的条纹，好像正对着你笑。侯硐（新北市）

044

像外星人的夹竹桃天蛾

鳞翅目 | 天蛾科

夹竹桃天蛾 *Daphnis nerii*

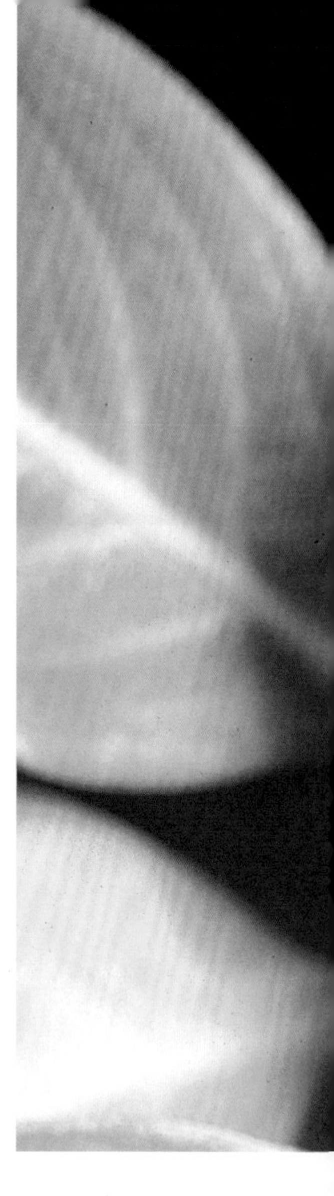

蝴蝶和蛾的幼虫最擅于模仿，尤其是模仿树枝以让天敌不容易辨识，这种伎俩称为“伪装”；若模仿强势物种则称为“拟态”，被蝶、蛾幼虫模仿的对象以蛇类最为常见。蛇的毒性和颜色对任何天敌来说都具有警告作用，所以脆弱且不具飞行能力的“毛毛虫”最爱模仿它了。

曾有一位访客写信给我，说他家阳台出现了一种体形很大且长相奇特的幼虫，并寄来一张照片。我一看，原来是夹竹桃天蛾的幼虫，且皆为终龄幼虫，即将化蛹了。这种幼虫主要栖息于夹竹桃科的日日春，多数的幼虫白天躲藏，晚上才会出来觅食，果不其然在它寄主的盆栽底部又发现好几只幼虫。

夹竹桃天蛾的幼虫通常有对醒目的大斑，蓝色，

日期： 2010 年 12 月 7 日
地点： 永和（新北市）

1 2 3 | **1.** 夹竹桃天蛾，成虫，夜晚会趋光。瑞芳（新北市）**2.** 夹竹桃天蛾，终龄幼虫，身体尾端有一根短小的天线，这是多数天蛾科幼虫的共同特征。**3.** 夹竹桃天蛾身体肥胖，其腹足底下密布钩爪，能以倒吊的姿态栖息在树枝上不会掉落。

拍摄参数 F11 T1 / 125 ISO200 闪光灯光源

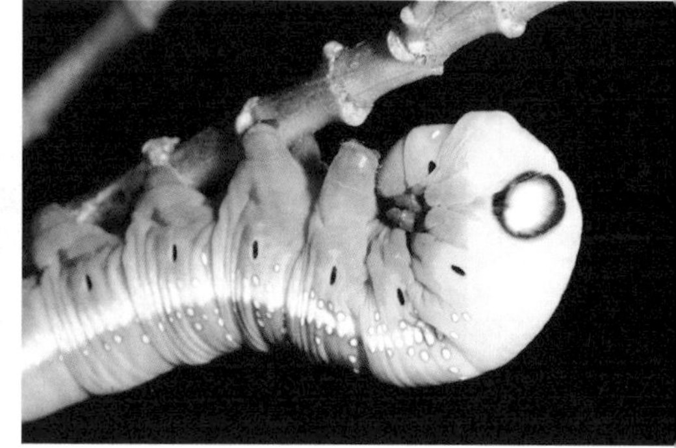

外形很像外星人，由于长相奇特，因此小孩子看到都不敢摸。也有人会将其想象成“蛇眼”，其实蛇的眼睛也没那么大，这种斑纹的演化，人类看了多少都会有些害怕。其实，夹竹桃天蛾幼虫真正的复眼长在头部侧面，很小，只有 5 ～ 6 枚单眼聚集，能欺敌的“蓝色大斑”则长在胸部上。

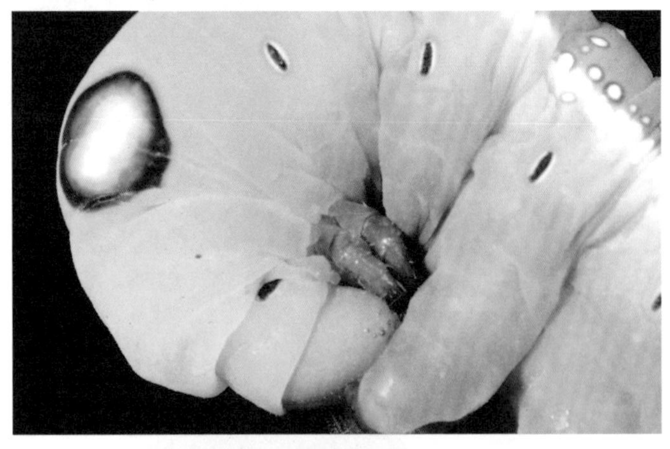

吓人的蓝色大斑，长在胸背板的两侧。

夹竹桃天蛾幼虫，即将化蛹时身体变成黑褐色。中和（新北市）

主题延伸

碧凤蝶，幼虫胸部背侧也有一对很像蛇眼的特征，这种鲜艳的红色称为“警戒色”，警告天敌：我很危险，你不可以太靠近。不仅眼睛惟妙惟肖，胸背板上的斑纹也很像蛇。

拍摄地点 / 瑞芳（新北市）

拍摄参数 F11 T1 / 30 ISO400 闪光灯光源

045

有趣的突眼蝇

双翅目 | 突眼蝇科

四斑泰突眼蝇 *Teleopsis* sp.

日期： 2005 年 7 月 22 日

地点： 帕米尔公园（台北）

突眼蝇是双翅目的昆虫，外观与一般所知的苍蝇差很多，它生活在潮湿的林间，喜爱在姑婆芋叶上取食叶面的有机质和露水，其体形比丽蝇小很多，十分敏感，要拍到它不容易。

有次在灯光下拍到它，也是唯一一次看到会趋光的突眼蝇，清楚可见其一对相当奇特的复眼，两眼间距分得很开，像火柴棒的柄，故有“突眼蝇”的称呼。其复眼红褐色，基部黑褐色，复眼内侧有触角，中胸背板宽隆突，左

右侧角各有一枚短刺，后缘有两根黑色长刺，翅膀黑褐色，左右各有两枚白色斑，故称“四斑泰突眼蝇”。后翅退化为平横棍，擅于爬行，前脚粗壮，偶尔会飞离，但都不会离开栖息环境。数量多时很热闹，雄虫会展翅比试谁的眼柄最长，长的一方才会获得雌虫青睐而取得交配权。

突眼蝇科，台湾已知两种，另一种为“拟突眼蝇”，目前所知仅分布于台中以南及花莲，这种拟突眼蝇的眼柄较宽而短，前翅不具 4 枚白斑，从脸部特写可比较它们的不同，然而表情都很可爱。

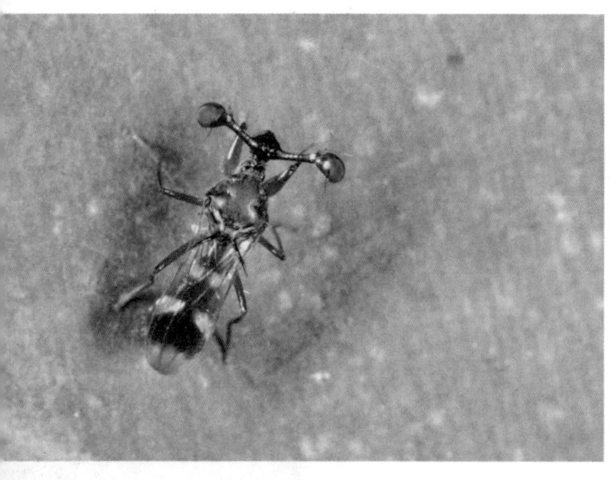

1 2 3 4 5

1. 雄虫展翅比武，看谁的眼柄最长。土城（新北市）**2.** 四斑泰突眼蝇，翅面有 4 枚白斑，常于姑婆芋叶面活动。五指山（新竹）**3.** 四斑泰突眼蝇的眼柄较细而长，复眼内侧左右各有一枚触角。土城（新北市）**4.** 另一种为拟突眼蝇，翅面不具 4 枚白斑，主要分布于中部以南及花莲。佐仓（花莲）**5.** 拟突眼蝇的眼柄较宽而短，表情很可爱。佐仓（花莲）

主题延伸

蜢复眼突出，两眼间有锥状尖突，雌、雄颜色各异，雄绿色，雌褐色。蜢又称“突眼蝗”或“凸眼蝗”，也是以“复眼”命名的昆虫，虽不像突眼蝇两眼分离，但它的复眼及长相酷似外星人，也很特别。

拍摄地点 / 熊空（三峡）

046

蛾翅的秘密

鳞翅目 | 夜蛾科

羽斑小眼夜蛾 *Panolis variegatoides*

蛾类不像甲虫有坚硬的几丁质前翅保护，它们的翅膀容易破损、断裂，因此大多数的蛾会以模仿枯叶或拟态其他动物的方式来保护身体。除此之外，我发现就美学原理来说，它们懂得利用“点、线、面”的变化，以及“分割、装饰”法，在视觉上破坏翅膀结构，让天敌无法发现它们的存在。

譬如白带符夜蛾以斜线将前翅一分为二；双目安尺蛾、实毛胫夜蛾也从顶角斜线分割前翅；史温侯尺蛾和圆纷舟蛾也都用分割技法再加以装饰。这种应用点、线、面的几何分割，视觉上是有效的，让天敌无法分辨其是否是一只蛾，于是大量的蛾类开始对自己的翅膀大做文章，以“分割、装饰”的原理创造出各式各样的斑纹，如树形尺蛾、圆角卷蛾、花斑蝶灯蛾、羽斑小眼夜蛾、汇纹尺蛾、阿里山夕尺蛾

日期：2009 年 4 月 24 日
地点：阿里山（嘉义）

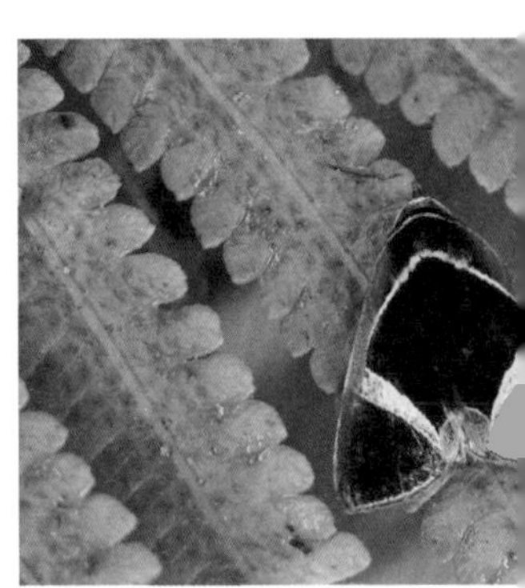

1 2 3 | **1.** 白带符夜蛾，黑色，以白色斜线将前翅分割。瑞芳（新北市）**2.** 莲雾赭夜蛾，褐色，以黑色弧线将前翅一分为二。乌来（新北市）**3.** 史温侯尺蛾，以宽大的斜带加上斑点装饰，分割前翅。梅山（嘉义）

拍摄参数 F11 T1 / 60 ISO100 闪光灯光源

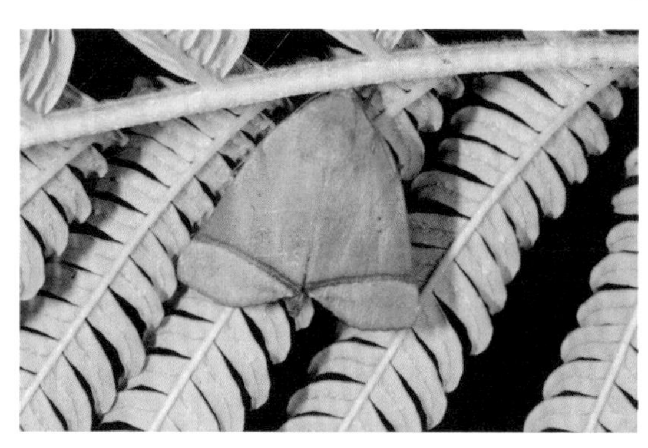

等，翅面的斑纹变得更为复杂，令人眼花缭乱而达到欺敌的目的。

这些蛾类的翅膀斑纹与模仿自然物或拟态动物完全不一样，人们称为“破坏轮廓”的欺敌装扮。

树形尺蛾，以复杂的白线将前后翅形分割。秀峦（新竹）

汇纹尺蛾，以复杂的白线加上颜色分割前翅。信贤（新北市）

主题延伸

黑红蚀尺蛾，翅面暗灰褐色，前翅有一条暗红紫色的Y字斑纹，成虫有嗜吸哺乳类动物泪水的习性。据说这种蛾会让大象哭泣，并借机吸吮其泪水，行为十分特别。

拍摄地点/桶后（新北市）

1 2
3 4
5

1. 圆角卷蛾，以波状的线条分割前翅，让人看不清是否是一只蛾。天祥（花莲）**2.** 封尺蛾，加上黑褐色边框，改变蛾的翅形。枫林（花莲）**3.** 玉线魔目夜蛾，具有分割翅形和“吓人”的拟眼纹。乌来（新北市）**4.** 斜绿天蛾，模仿枯黄的竹叶。四兽山（台北）**5.** 绿斑蚀尺蛾，模仿昆虫的蚀痕，一种欺敌的装扮。镇西堡（新竹）

拍摄参数 F32 T1 / 60 ISO200 闪光灯光源

047

全身都是刺的铁甲

鞘翅目 | 铁甲科

红端趾铁甲 *Dactylispa sauteri*

日期： 2006 年 2 月 21 日
地点： 贡寮（新北市）

铁甲身上布满棘刺，看起来很威武，刀枪不入，其实它们很胆小，一有风吹草动便装死掉落地面，偶尔会飞，但通常以直接掉落地面的方式躲避天敌。

铁甲，叶甲总科铁甲科，通常都有专一的寄主植物。绍德铁甲触角深褐色，近基部黑色，前胸背板左右各有三枚长刺，中央有一枚横向的椭圆形带状突起，表面光滑，翅鞘布满刻点，翅缘密生细长的棘刺，各足黄褐色。以禾本科

红端趾铁甲体背布满棘刺。崁头山（台南）

叶片为食，咬痕呈纵向条纹，幼虫能潜入芒草叶片组织内取食至化蛹，叶片会呈枯黄的巢袋状。

红端趾铁甲交尾很特别，由于雌虫体背布满棘刺，交尾时雄虫只好垂直站立，各脚攀附在雌虫背上，不敢太亲密，不然雌虫背上的刺就会穿破雄虫肚皮。这种交配的方式也发生在另一种半翅目齿缘刺猎蝽身上，它们全身也布满刺突，一不小心就会被刺到。在这种情况下有时会看到齿缘刺猎蝽以侧身或并列的姿态交尾，但红端趾铁甲仍以 90 度站立交尾，没有其他的姿态。

1 2
3 4

1. 红端趾铁甲寄主杜虹花，身体褐色，翅鞘黑色密布刺突，交尾时要很小心，不然雄虫会被雌虫背上的长刺穿破肚皮。太极岭（新北市）**2.** 齿缘刺猎蝽，全身也布满尖锐的刺突。建安（新北市）**3.** 齿缘刺猎蝽前胸背板的刺突让许多天敌不敢吃它。乌来（新北市）**4.** 交尾时，齿缘刺猎蝽身上的棘刺难免会互相碰触，所以采取保持距离或侧身交尾。观雾（新竹）

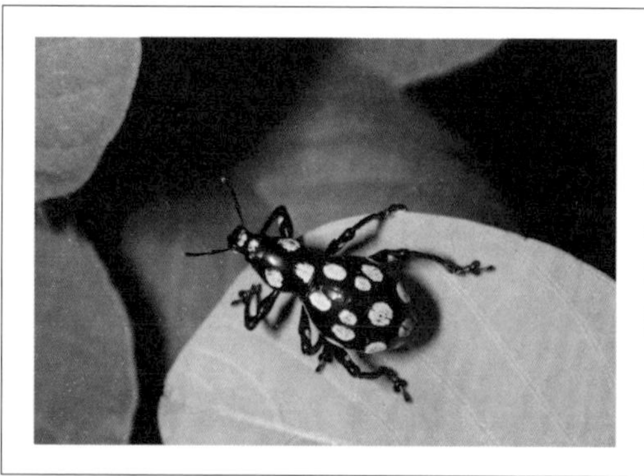

主题延伸

大圆斑球背象鼻虫，主要分布于兰屿，其后翅退化，前翅与翅鞘愈合，不会飞行。从头部到翅鞘呈完美的圆弧形，体表坚硬，连蜥蜴、鸟类也无法吞食消化。球背象鼻虫在兰屿有 7 种，其中 6 种为保育种类。

拍摄地点 / 兰屿（台东）

栖身之所

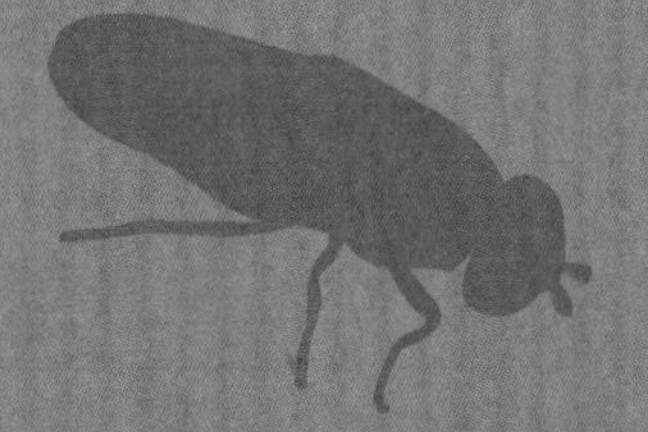

拍摄参数 F11 T1 / 30 ISO400 闪光灯补光

048

蚜狮背上的房子

脉翅目 | 草蛉科

草蛉（幼虫）

日期： 2014 年 4 月 10 日
地点： 圣人瀑布（台北）

蚜狮是草蛉的幼虫，成虫一般呈绿色，翅膀透明，翅脉网状，体态纤弱不擅飞行。

体长仅 5 毫米的蚜狮，常于树干、枝叶间活动，喜欢在背上堆垃圾，遇到骚扰会躲到叶背或不安定地爬行，背着沉重的“房屋”模样很滑稽。其主要以吸食蚜虫体液为食，具有钳状刺吸式口器，身体黄褐色，但覆盖“伪障”后，从上往下看看不出它是一只虫。

蚜狮建造的“房屋”各不相同，“建材”也都不同，有些是它猎食的战利品，有些取材于自然物，如枯叶、树皮、花苞。有一次我近摄它堆栈“伪障”的过程，只见它用大颚将材料堆到背上，由于没有使用黏液或丝线捆绑，因此叠上去的东西又掉了下来，这时它将掉下来的物品再堆回去，反复同样动作直到不再掉落，有时也会发生边走边掉的情况，但它也不在乎。

分析蚜狮背上的造型，常见有根像树枝的突起，用来模仿枯枝；头部上方有遮雨棚，用来遮掩头部；有的仿佛是扛着长臂的怪手，造型各异，但看起来都很可爱。

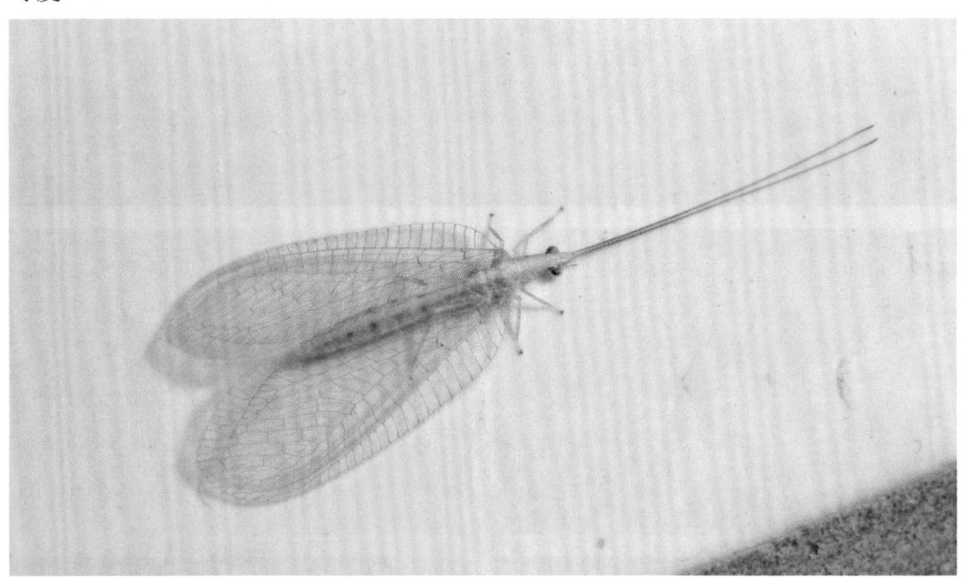

蚜狮的成虫称为“草蛉”。观雾（新竹）

主题延伸

蚜狮，体背两侧密生棘刺，这些刺突能固定背上的材料不会掉下来。一般蚜狮以猎捕蚜虫为食，吸干体液后再将尸壳背在身上，但随种类不同所背的“建材”也会不一样。

拍摄地点 / 八仙山（台中）

1 2 3 4 5

1. 蚜狮背上的“房屋”，常有枝状突起。加九寮（新北市）**2.** 头部上方常有一个像遮雨棚的东西，遮掩头部。乌来（新北市）**3.** 蚜狮背上的“建筑”五花八门，奇形怪状。阳明山（台北）**4.** 有些利用大花咸丰草的花苞，扛着笨重的“垃圾”四处爬行。土城（新北市）**5.** 有的“房屋”盖得像 101 大楼那么高。五指山（新竹）

拍摄参数 F16 T1 / 125 ISO200 闪光灯补光

049

黄革荆猎蝽的战利品

半翅目 | 猎蝽科

黄革荆猎蝽 *Acanthaspis westermanni*

日期：2006 年 6 月 17 日
地点：铜门（花莲）

记得有一次若不是有心寻找昆虫的身影而找到地面上，也不会恰巧发现椿象若虫背着蚂蚁在地上爬行的画面。两年后我在铜门又观察到椿象若虫背着上百只蚂蚁的壳，凭借着经验，我立刻趴下来才捕捉到它的特征。它背着笨重的“伪障”往前逃窜，我只捕捉到两个画面它就消失了。

过了 4 年，和友人在知本林道上又看到了这个画面，但这只若虫只背着一只蚂蚁，这时

我跟友人做了一个实验，请他将若虫背上的蚂蚁取下，这次我终于拍到它的庐山真面目了。

一时失去“伪障”的猎蝽似乎因没有安全感而逃命，这时朋友拿了一根树枝给它，你猜它会背棍子吗？只见它用后脚勾住棍子往背上推，不一会儿工夫就把整根棍子扛到背上，然后拼命地往前爬，但又好像突然想到什么事，开始往不同的方向逃命。

黄革荆猎蝽的背负行为和蚜狮背垃圾一样，都会将取食的“战利品”空壳当作“伪障”，蚜狮树栖，椿象若虫地栖，这种具有某种实验目的的摄影，让我们了解了昆虫的“危机”处理方式。

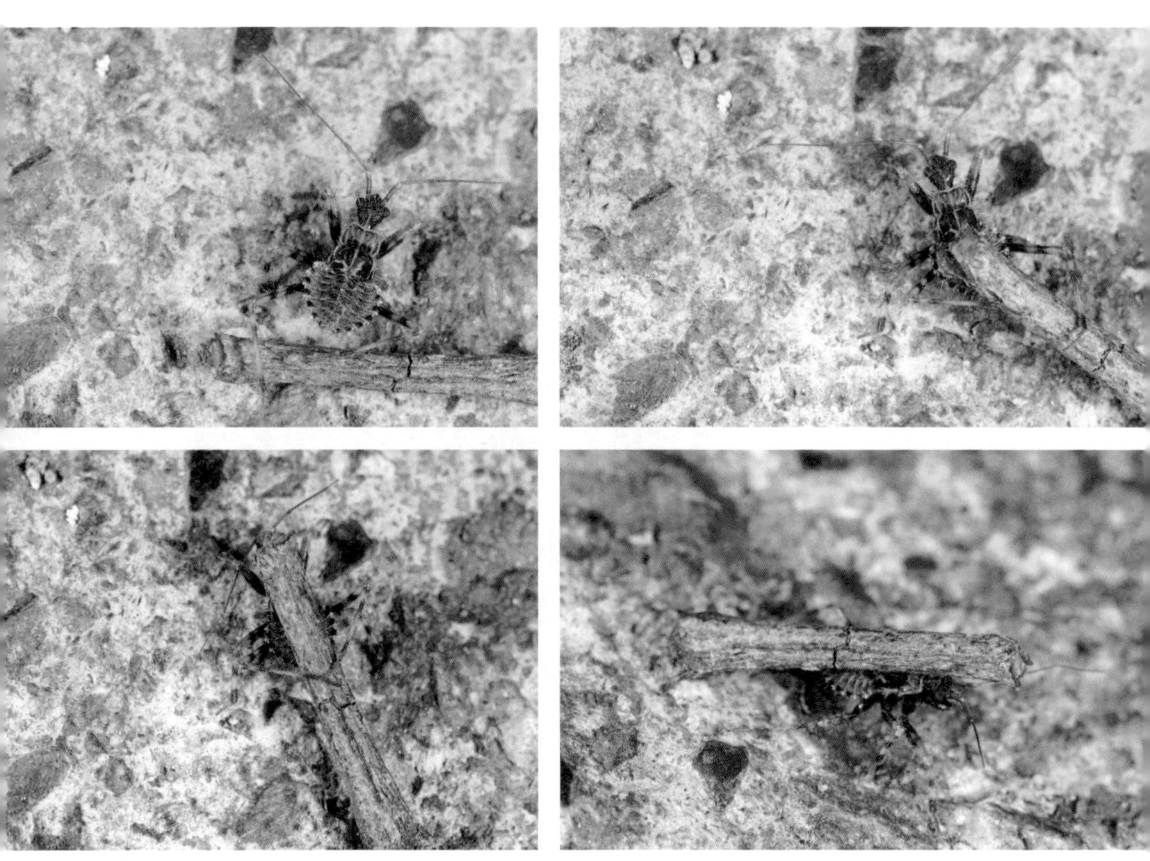

1 2 3 4 5

1. 黄革荆猎蝽成虫，我只在宜兰见过一次。梅花湖（宜兰）**2.** 黄革荆猎蝽若虫的“伪障”被取下，改拿一根棍子给它，它立刻用后足将棍子勾上来。知本（台东）**3.** 很短的时间内它就将整根棍子扛到背上，就比例来说，这根棍子的长度和质量应该不小，它居然也扛得动。知本（台东）**4.** 用后足顶着木棍，只用两对足“走路”，逃命的速度还是很快。知本（台东）**5.** 突然，它又往相反的方向逃命，为了增加速度，后足从木棍上放下来，改用 6 只足爬行。知本（台东）

主题延伸

蜍蝽，喜欢在泥巴湿地栖息，若虫会以头及后足来挖掘泥沙以覆盖体背当作“伪障”，只露出两眼。其爬行速度很快，遇到骚扰也会掘地隐藏，习性像虎甲虫走走停停；成虫捕食性，能短距离飞行。

拍摄地点 / 天长地久（嘉义）

拍摄参数 F11 T1 / 60 ISO200 闪光灯光源

050

小昆虫住豪宅

双翅目 | 瘿蚊科

瘿蚊

日期： 2008 年 2 月 9 日
地点： 二子坪（台北）

“虫瘿”是指植物组织受到昆虫或其他生物所释放的化学物质刺激，而产生变异、扩增的现象，产生虫瘿的昆虫称为“造瘿昆虫”，造瘿的寄主植物称为“成瘿植物”。造瘿的昆虫有瘿蚊、木虱、椿象、蓟马、象鼻虫等，除了昆虫外某些真菌、蜱、螨也会造瘿。

春天阳明山是欣赏虫瘿的好地方，虫瘿的寄主一般具有专一性，红楠树上的虫瘿都藏在叶背，这些虫瘿像水梨、芭乐、香蕉，有些像灯笼。同一片叶子也会有不同种的虫瘿群聚，好像菜市场的水果摊，十分热闹。幼虫躲在像“水果屋”的虫瘿里很安全，不愁没食物吃，直到终龄羽化。有些虫瘿长在树枝上，仿佛是植物的细枝上长了很多分枝；而另一种红楠树枝上的虫瘿，则像是一个个狭长的炮弹，呈放射状排列。

虫瘿为了躲避天敌将自己禁锢在叶片或枝条上，见不到阳光，表面看起来它们都很安全，但实际上它们还是会有天敌的，例如某些寄生蜂就会找上它们。

某种瘿蚊，发现于寄主环境附近。

主题延伸

在寄主叶上，拨开虫瘿里面有一只刚羽化的寄生蜂。住在虫瘿里的幼虫也会有天敌，寄生蜂会以细长的产卵管插入里面产卵，孵化的幼虫取食寄主养分，因此有时候人们看到虫瘿里爬出一只寄生蜂，却不是寄主本身。

拍摄地点/乌来（新北市）

1 2 3 4 5

1. 成瘿植物是红楠，外观像水果，寄主昆虫是双翅目的瘿蚊。土城（新北市）**2.** 这片香楠叶背有两种虫瘿，一种像芭乐，一种像香蕉，寄主昆虫都是瘿蚊。**3.** 香楠叶背的虫瘿模样像桃子，寄主也是瘿蚊。**4.** 红楠枝条上长出纺锤状虫瘿，外观像炮弹，呈放射状排列，寄主也是双翅目的瘿蚊。**5.** 山桂花的虫瘿呈枝条状，都从分枝的地方长出来，乍看像花序，十分特别。冷水坑（台北）

拍摄参数 F8 T1 / 60 ISO200 闪光灯光源

051

潜叶虫画地图

鳞翅目

潜叶蛾

日期：2006 年 8 月 15 日
地点：竹子湖（台北）

潜叶虫的幼虫不像成虫具有翅膀，遇到天敌能飞行逃离，因此它们会发展出一套保命方法。

潜叶虫躲避天敌的技术相当出色，它的卵孵化后便潜入叶片组织内取食叶肉，直到终龄才破蛹羽化离开叶片。其实会潜叶的昆虫很多，像鳞翅目的蛾、双翅目的蝇、膜翅目的叶蜂、鞘翅目的叶甲等，都是常见的潜叶虫。

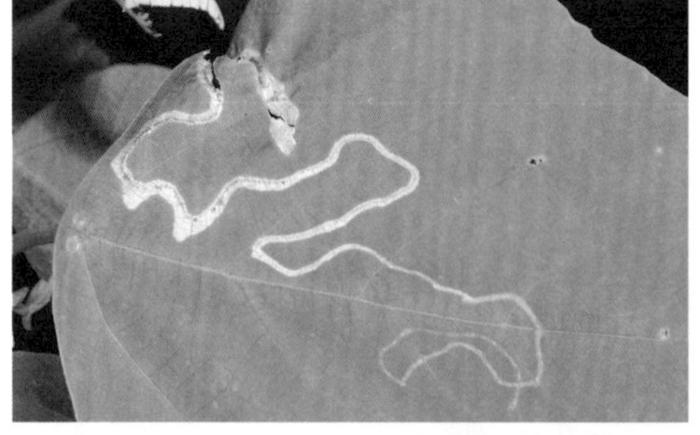

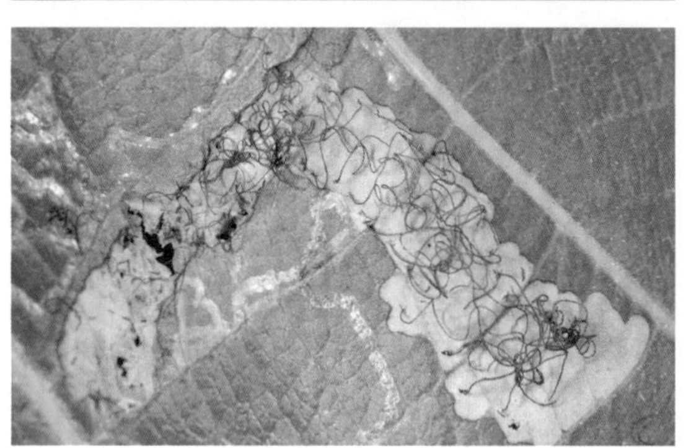

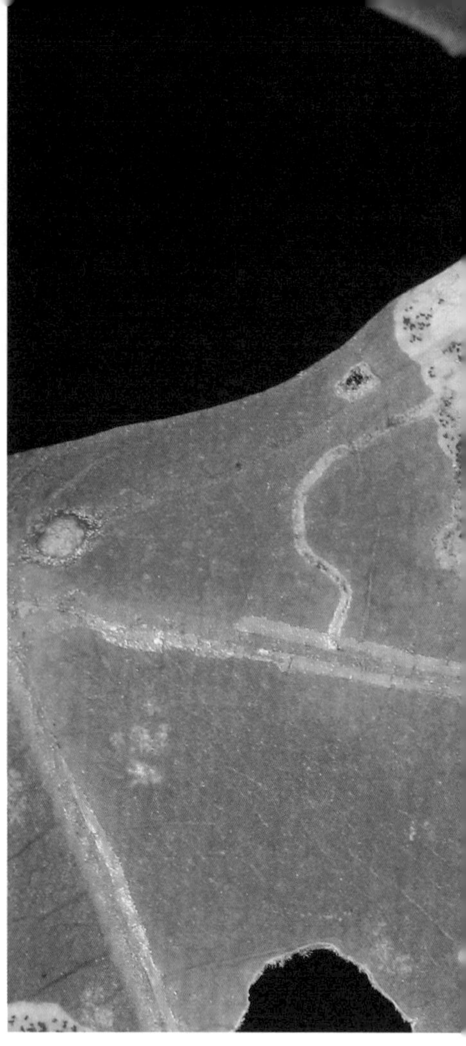

自从我第一次在野桐叶面拍摄到潜叶虫后便开始对其有了兴趣，以逆光的手法将闪光灯放在叶子后面，再从前面打灯让叶片变得鲜绿，潜叶虫啮食的轨迹也就清晰可辨。潜叶虫的咬痕，前段颜色细窄而淡，那是一龄，后来渐粗的是二龄，到了终龄咬痕最宽，末端破裂表示这只潜叶虫已经羽化。潜叶虫从初始到羽化像一条河流，这条河就是潜叶虫的一生。

我又发现一片叶子，上面的咬痕像迷宫，内部较细，外部较宽，它以对称的弧形纹路取食，形成美丽的图案。潜叶虫的食量并不大，一片叶子都没吃完就羽化了，让人好奇的是，幼虫躲在叶肉里，心里都在想些什么呢？

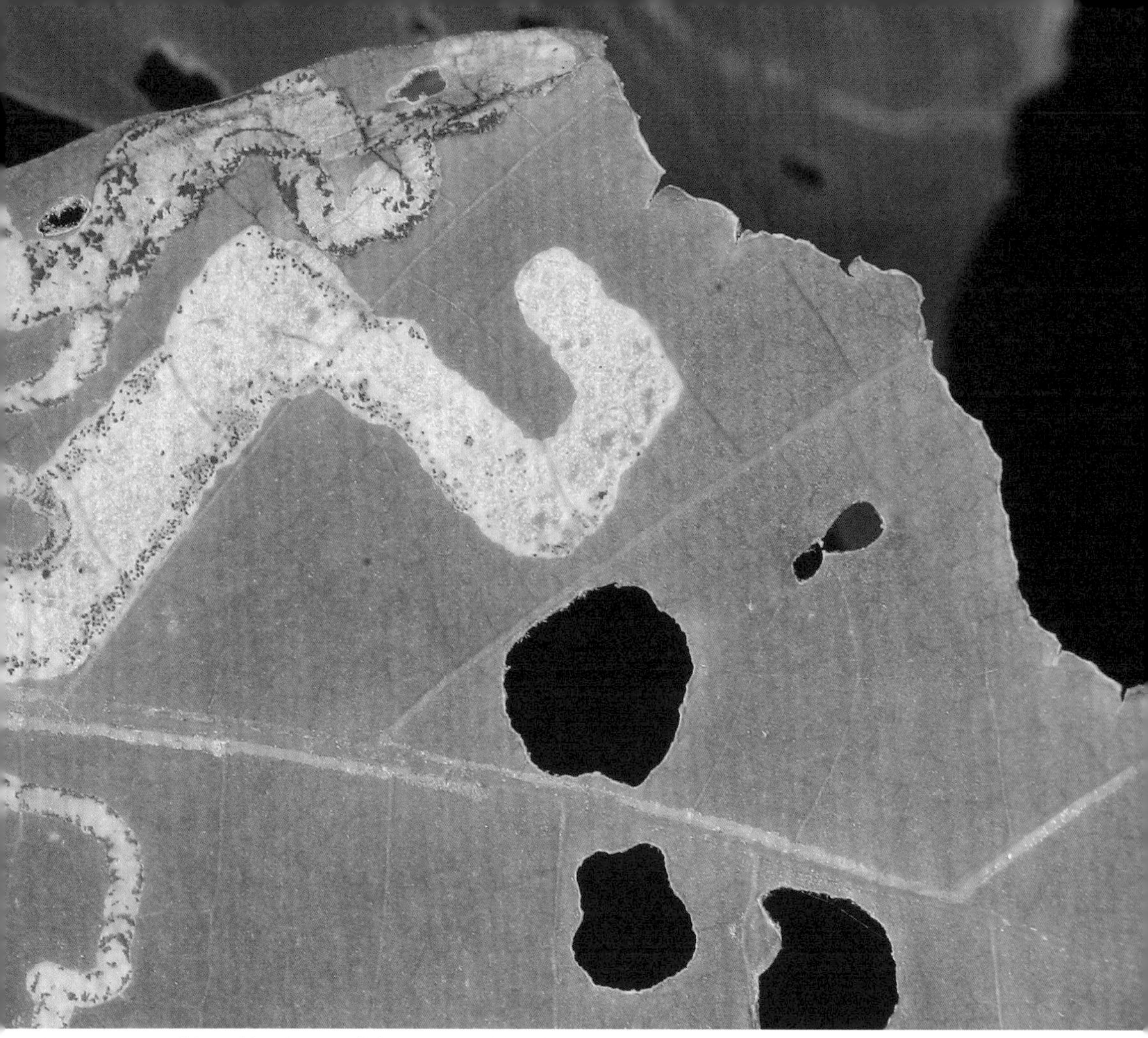

1
2 4
3

1. 潜蝇，体形很小，幼虫会潜叶。瑞芳（新北市）**2.** 野桐的叶面有一条像小河的纹路，那就是潜叶虫的一生。文笔山（新北市）**3.** 血桐的叶子被一种潜叶蛾取食，咬痕很宽，白色透空部分是被咬的，里面黑黑的小点是粪便，卷曲的线条是叶脉，由于叶脉较硬不好消化因而干燥卷曲。文笔山（新北市）**4.** 一片叶子可能有两种以上的潜叶虫在里面。文笔山（新北市）

主题延伸

白波翠尺蛾，翅膀后缘有扭曲状的斑纹，很像潜叶蛾在叶子里取食的轨迹。白波翠尺蛾绿色的翅膀很像叶片，斑纹像潜叶虫的咬痕，它用这种方法伪装保护自己。

拍摄地点 / 福山（新北市）

拍摄参数 F8 T1 / 60 ISO200 闪光灯光源

052

鞋斑无垫蜂的床铺

膜翅目 | 蜜蜂科

鞋斑无垫蜂 *Amegilla calceifera*

日期： 2015 年 7 月 1 日
地点： 淡水（新北市）

由于昆虫没有眼睑，因此不容易辨识它们是否在睡觉。科学家通过实验，将一些蝇放在容器中，当夜晚来临时，就开始不断地拍打容器，致使它们无法睡觉，结果第二天这些蝇无精打采，活动力不如正常的蝇，这表明昆虫跟人类一样是需要睡眠的。

有次在夜晚拍摄到鞋斑无垫蜂，这种蜂主要在白天活动，因此我很确定它这时正在睡觉。它用大颚咬住枝条，6 只脚腾空挂着，这是我第一次发现这种蜂的独特睡眠方式。原来某些蜜蜂和泥蜂都有此行为，它们的大颚特化成一对大钳子，末端有个小机关，一旦咬住东西就会自动“上锁”，可吊挂睡觉，不用担心太吃力或掉下来。

黄昏时有几只飞到棚下，到了下午 6 点半终于看到一只挂在藤须上了。忽然，从四面八方飞来好多鞋斑无垫蜂，绕着这根藤须飞舞，先来的好像抢占到较好的位置，后来的会被藤须上的鞋斑无垫蜂用脚踢走，只好再飞一次，选择上下没“人”的地方睡觉。下午 7 点半所有的鞋斑无垫蜂应该都就位了，数一数共 22 只。准蜂和鳌无垫蜂都有此行为，而鳌无垫蜂也会咬住叶缘，这种有趣的行为实在太可爱了。

鞋斑无垫蜂的大颚特化成一对大钳子，一旦咬住就会自动“上锁”。

主题延伸

这只绿弄蝶是否正在睡觉呢？肯定的是所有蝴蝶都是日行性，通常早上 8—9 点起床做早操，下午 3—5 点打卡准备睡觉。而大部分的蛾类属夜行性，在天黑时它们会从树林里飞出来活动、觅食。

拍摄地点 / 二格（新北市）

1 2 3 4 5

1. 晚来的要占位置，会被藤须上的青条花蜂用脚踢走。**2.** 6 只脚缩起来，挂着睡觉。**3.** 所有的鞋斑无垫蜂都就位了，数一数共有 22 只。**4.** 螯无垫蜂，咬住叶片睡着了。风柜嘴（台北）**5.** 准蜂，把枯枝当“床”，大白天也可以睡，真是一只爱“恋床”“赖床”的昆虫啊！崁头山（台南）

拍摄参数 F16 T1 / 30 ISO400 闪光灯光源

053

蚂蚁畜牧

膜翅目 | 蚁科

黑褐举尾蚁

Crematogaster rogenhoferi

日期： 2011 年 3 月 6 日
地点： 大同山（新北市）

蚂蚁是社会性昆虫，一个蚁巢的成员有雌蚁、雄蚁、兵蚁和工蚁，它们各司其职。工蚁数量最多，不论筑巢、守卫、喂养、觅食都靠工蚁一点一滴的辛勤劳动完成，其中“畜牧”的行为是其他昆虫所望尘莫及的。

要观察蚂蚁“畜牧”并不难。我曾在大同山的树上发现好几个小蚁巢，形状像枯叶堆栈，有些像小土堆附着在树干上，外观和树皮差不多。我拨开其中一片，里面有数十只蚂蚁正高

举尾部守卫巢里的介壳虫，原来这些介壳虫都是蚂蚁饲养的。蚂蚁用触角碰触，介壳虫就分泌蜜露给蚂蚁吃，而介壳虫也获得了蚂蚁保护，形成共生关系。

不过这些介壳虫是怎么来的呢？是蚂蚁搬过来的？还是就地覆盖蚁巢接受保护呢？介壳虫固定取食树液不需要移动身体，这种犹如人类般种植、畜牧的事业，或许在昆虫界里也只有蚂蚁才能办得到。

1
2 4
3

1. 举尾蚁的腹部呈水滴状，巢里巢外都会找到蚜虫和介壳虫。金龙湖（基隆）**2.** 举尾蚁在树干上筑巢，将分枝的部位整个包起来。加九寮（新北市）**3.** 树栖的蚁巢会包住整个树枝，巢由树皮和枯叶构成，但并不是所有的蚁巢里面都有畜牧。南澳（宜兰）**4.** 掀开蚁巢，可见蚂蚁畜牧介壳虫，介壳虫附着在树干吸食树液维生，蚂蚁筑巢保卫。加九寮（新北市）

主题延伸

蚂蚁用触角碰触蚜虫来“挤奶”，这些被饲养的蚜虫又称为“蚂蚁奶牛”。有些蚂蚁会采集蚜虫的卵储存在巢内越冬，到了春天，蚂蚁再将孵化的蚜虫搬到植物上，这是另一种“畜牧”的行为。

拍摄地点 / 木栅（新北市）

054

红肩瓢虫越冬

鞘翅目 | 瓢虫科

红肩瓢虫 *Harmonia dimidiata*

昆虫的适应能力很强，能以各种形态越冬，如蝗虫以卵越冬、天牛以幼虫越冬、许多蛾类以蛹越冬。

我在三峡满月圆发现一只红肩瓢虫，经验告诉我这附近一定有很多红肩瓢虫，果然在路边一根电线杆的铁皮背面，狭窄的缝隙里看到很多瓢虫，它们挤在一起取暖，没想到天气突然暖和，有一些瓢虫忍不住飞出来活动。这些瓢虫虽然集体越冬但并不算“冬眠”，只能说是“休眠”，当天气变好时也会出来晒晒阳光或捕食，不过冬天昆虫活动力锐减，即使靠近它也不会立刻飞走。红肩瓢虫以成虫越冬，是较容易看到的种类，我在二叭子公园的路灯上也看到不少，几乎每一根路灯都有瓢虫聚集，而且都是红肩瓢虫。在香蕉叶下也可以观察到多种昆虫，除了红肩瓢虫，还有赤星瓢虫、九星瓢虫、三色瓢虫、丽盾蝽、黑点卷叶象等，它们通通挤在一起越冬、取暖。

日期：2004 年 11 月 12 日
地点：满月圆（新北市）

1 2 3 | **1.** 这根电线杆的铁皮背面聚集了很多瓢虫越冬。**2.** 红肩瓢虫躲在铁皮的窄小隙缝里互相取暖。**3.** 天气变好时，有些瓢虫忍不住飞出来晒太阳或捕食，所以这些越冬的瓢虫并不算“冬眠”，只能说是“休眠”。

拍摄参数 F8 T1 / 125 ISO200 闪光灯补光

1 2
3 4

1. 在二叭子公园，几乎每一根路灯上都有瓢虫。**2.** 聚集的都是红肩瓢虫。二叭子（新北市）**3.** 从 12 月至来年 2 月可见。**4.** 红肩瓢虫左右翅共有 13 枚小黑点。

主题延伸

在地面上看到一只异丽金龟，它钻进地下产卵，卵在来年春天孵化，所以异丽金龟是以幼虫或蛹越冬。在昆虫越冬形态的所占比例中，43% 以幼虫过冬、29% 以蛹过冬、17% 以成虫过冬、11% 以卵过冬。

拍摄地点 / 竹南（苗栗）

拍摄参数 F11 T1 / 125 ISO400 闪光灯补光

055

红脚泥蜂筑巢

膜翅目 | 泥蜂科

红脚泥蜂 *Sphex* sp.

日期： 2006 年 7 月 19 日
地点： 三义（苗栗）

泥蜂胸、腹间有一杆状腰身，雌大颚发达，擅于挖掘洞穴，并能以毒针麻醉猎物后拖入巢穴，接着产卵，待卵孵化后作为其食物。各种泥蜂所捕捉猎物的对象都不一样，但最不可思议的是泥蜂如何麻醉猎物？又如何将猎物保鲜至幼虫孵化后食用呢？

泥蜂筑巢过程宛如一场热闹的嘉年华，有一年我从高速公路下“休息站”，发现某个停车格上有数十只红脚泥蜂忙着筑巢，我赶紧取来相机记录。只见红脚泥蜂利用大颚挖掘泥土，虽然三义的泥土是红色的，质地稍软，但停车格究竟不是沙质地，不懂它们为什么会选择人来车往的地方筑巢？不久，一只雌蜂拖着螽斯回到洞口，它进入巢里检查后将猎物拖入洞内，再爬出来开始将挖出的沙填回去，很快洞口就填平了，从外观来看，难以察觉地下有红脚泥蜂即将要孵化。

最近我到兰屿，又看到另一种蓝色的泥蜂在沙地上低空飞行，但却不见它们掘洞。原来这些都是雄虫，在这个繁殖地等待即将羽化的雌虫出洞交尾。

红脚泥蜂脚呈红褐色。六十石山（花莲）

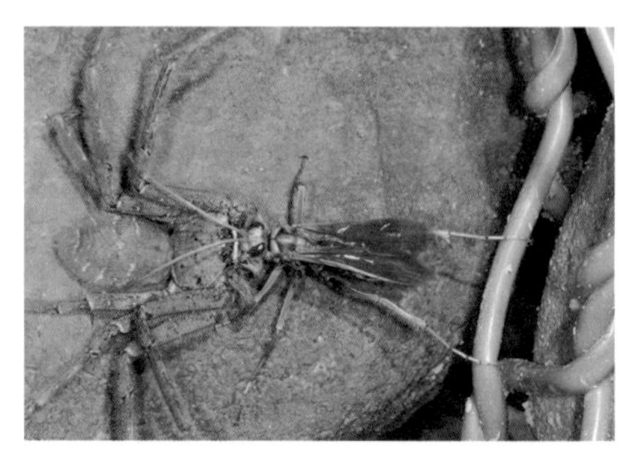

主题延伸

黄带蛛蜂不会掘洞，只会以现成的洞穴为巢。画面中黄带蛛蜂在捕获白额巨蟹蛛并将其麻醉后，使尽全身力气要把蜘蛛搬入洞里，以作为产卵后幼虫孵化出来的食物。

拍摄地点/甘露寺（新北市）

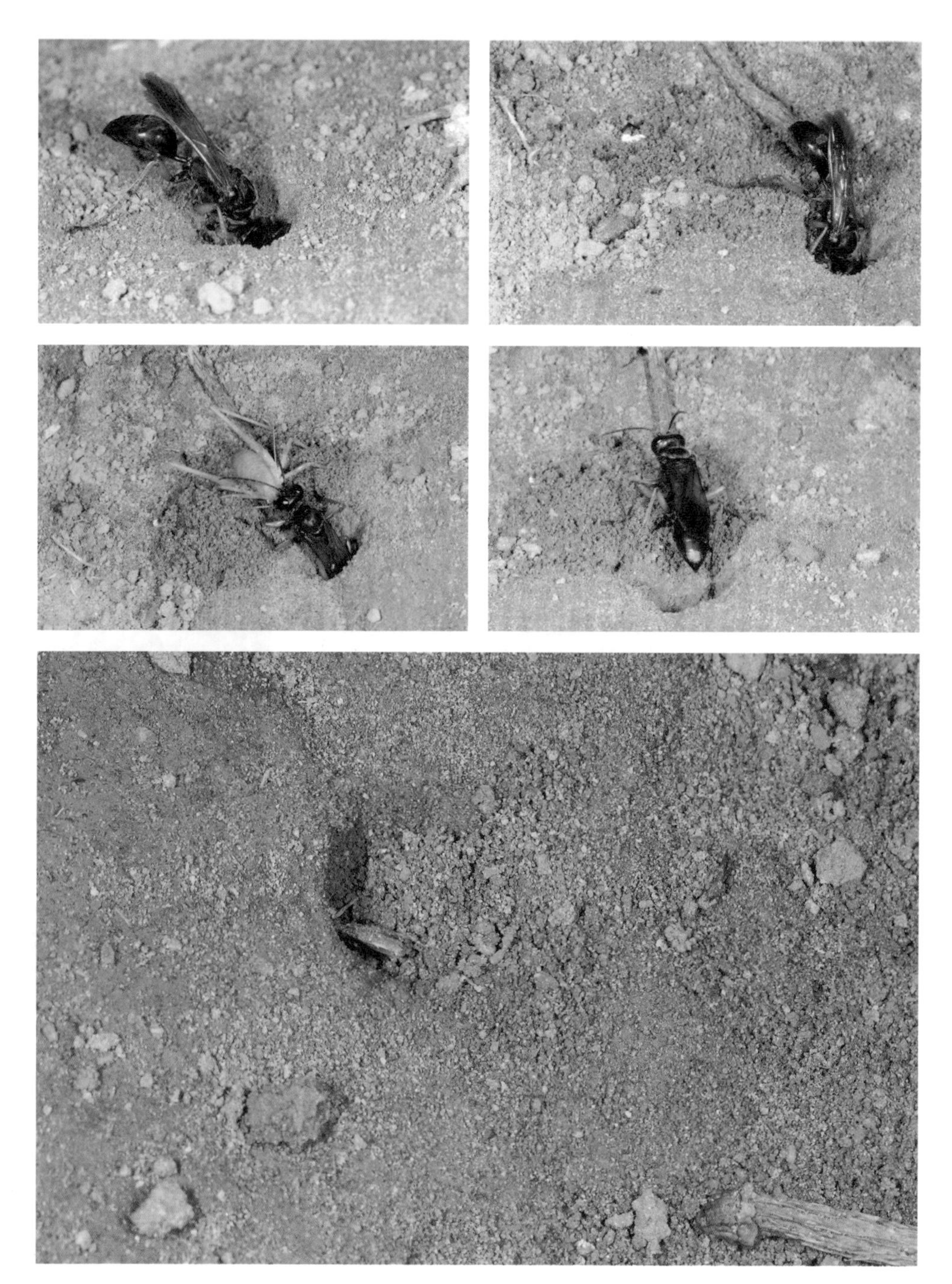

1 2
3 4
5

1. 红脚泥蜂选择土质适宜的地方掘洞。**2.** 只有雌蜂才会掘洞，掘洞速度很快，大约 5 分钟就能完成一个巢穴。**3.** 完成后飞行离去，捕捉到一只螽斯，将其麻醉后拖到洞里，准备作为幼虫的食物。**4.** 最后用脚将挖出的沙土填回去。**5.** 洞口填平后，从外观看不出地底下有泥蜂的卵等待孵化。

056

虎斑蜾蠃筑巢

膜翅目 | 胡蜂科

虎斑蜾蠃 *Phimenes flavopictus formosanus*

虎斑蜾蠃，成虫身体黑色并满布黄色条纹，拟态老虎斑纹，锤腹细长，常见于野花丛中吸蜜。雌虫会衔泥于墙角或树干筑巢，巢如壶形，内含数个巢，雌虫会替幼虫储藏食物。

我在双溪某个农场里曾见过它筑巢，其巢形呈壶状，由数个连接，最后变成长条状。每完成一个巢室，它会产下一粒卵，再捕捉猎物塞进去，封闭壶口后接着继续同样的工程。又有一次在台中大坑拍到它正在取泥，原本以为它自溪边采泥，但这次它是先在某处喝水，再飞到某棵白蚁筑巢的枯木上，由于枯木残留很多泥土，蜾蠃很快地吐出水来将其做成球状的泥团后带走，不到 5 分钟又飞回来取泥团。我多次观察拼凑出了虎斑蜾蠃筑巢的过程，发现它的巢形都很大，可由 1 ～ 12 个巢室连接，每一个巢室最多

日期：2009 年 9 月 13 日
地点：大坑（台中）

1 2 3 | **1.** 虎斑蜾蠃吐水搅拌做泥团。**2.** 虎斑蜾蠃的泥巢呈壶状，做完一个巢室会把壶口封住，再连接下一个巢室。双溪（新北市）**3.** 雌蜾蠃在每一个巢室内产下一粒卵，再捕捉猎物给待孵化出来的幼虫食用。双溪（新北市）

拍摄参数 F8 T1 / 125 ISO400 闪光灯光源

可塞满 6 只猎物，这些猎物除了鳞翅目幼虫外，也曾出现蜘蛛。有时拆开巢后会发现已被寄生蜂寄生了，因此幼虫躲在泥巢里也并不能保证安全，仍会有天敌。

黄胸蜾蠃，胸背板前半和腹端黄色，喜欢访花。文笔山（新北市）

黄胸蜾蠃筑巢产卵的习性跟虎斑蜾蠃很像，但有些个体会筑巢于叶下。甘露寺（新北市）

主题延伸

在乌来发现一只陶氏蜾蠃飞到地面做泥团，隔了 5 分钟又飞回来，后来越做越熟练，10 分钟内可来回 4 次，都在同样的位置取泥，可见它的记忆力很好。取泥之前会先到溪边衔水，再回来拌沙做泥团。

拍摄地点 / 乌来（新北市）

拍摄参数 F8 T1 / 125 ISO400 闪光灯光源

057

黑胸胡蜂偷蜜

膜翅目 | 胡蜂科

黑胸胡蜂 *Vespa velutina*

日期： 2005 年 4 月 21 日
地点： 四崁水（新北市）

朋友带我到乌来山区看一个野蜜蜂的巢，可见树干下方的洞口有几只蜜蜂飞进洞里。过几天后可能因为天气转为暖和，发现有好多蜜蜂进进出出，每隔 4 ～ 5 秒钟就有一只蜜蜂进出，嗡嗡嗡的声响气势惊人。

我守在洞口观察了长达半个小时之久，这时看到一只黑胸胡蜂出现。只见它飞到洞口振翅，双眼炯炯有神，朝着一旁工作中的蜜蜂示威，我赶紧用相机拍下胡蜂威武的神态。

胡蜂来到这里示威并没有攻击野蜜蜂，而洞里的蜜蜂也没有飞出来迎击，只见一旁 15 只蜜蜂镇定地在树干上啃咬树皮，但往洞里拍，可见有一堆蜜蜂堵在狭窄的洞口，不让胡蜂进去。

胡蜂攻击蜜蜂的情况时有所闻，但多半攻击人工饲养的蜂箱，攻击野生蜜蜂较为少见。但我曾在乌来内洞的电线杆上发现蜜蜂的巢，不久，黑胸胡蜂前来袭击，但最后并未得逞，进不了巢里偷蜜，只能在外面恫吓。从拍摄到的空中飞翔特写画面看来，这只偷蜜的“盗贼”眼神挺凶狠的。

1 2 3 4 5 | **1.** 狭窄的洞口被许多蜜蜂堵住。**2.** 在这个树干下的洞穴中有蜜蜂的巢，一大早我就到这里等待黑胸胡蜂。果然不久后它出现了！胡蜂会在固定的时间前来“拜访”。**3.** 黑胸胡蜂表情凶猛，但巢外的蜜蜂仍正常工作，可见蜜蜂已经习惯胡蜂的骚扰。**4.** 在另一个地方，电线杆的小洞竟然也有蜜蜂的巢。**5.** 黑胸胡蜂也到这里示威，但没有看到它攻击巢穴偷蜜。内洞（新北市）

主题延伸

黑胸胡蜂的巢筑在小区楼顶，蜂巢像篮球那么大，里头由成百上千个蜂室和数十层巢脾组成，巢外有守卫蜂。冬季蜂后会离巢避寒，蜂群因此解散、死亡，蜂巢一年只使用一次。

拍摄地点 / 永和（新北市）

058

凶暴的金环胡蜂

膜翅目 | 胡蜂科

金环胡蜂 *Vespa mandarinia*

莲华池边的蜂箱有几只金环胡蜂发出震耳欲聋的声响，只见蜜蜂从蜂窝里出来，不让金环胡蜂进入。过一会儿后，蜜蜂可能习惯了这种骚扰，因此一部分进入巢内，这时胡蜂由左飞向右，似乎打算有所行动，而蜜蜂也在瞬间改变队形应战，半个小时后终于开打。在金环胡蜂咬死一只蜜蜂后，所有蜜蜂都出来应战，上百只蜂堆挤在蜂箱口，然而胡蜂不费吹灰之力，咬断一只只蜜蜂的头部。金环胡蜂在短短 2 分钟内就咬死了 30 多只蜜蜂，有些蜜蜂惊慌地挤成一团，表情惊恐，但仍死守堵住入口。

随着时间推移，只见蜜蜂死伤已达数百只之多，我因为实在看不下去，就拿了一个瓦片挡住蜂箱口，不久农场主人来了，他取来网子将胡蜂捞起装进瓶子，这个瓶子底部早就装满了数不清的胡蜂尸体，

日期： 2011 年 9 月 19 日
地点 ：莲华池（南投 ）

1 2 3 | **1.** 很多意大利蜜蜂堵住蜂箱口，不让金环胡蜂进入。**2.** 两只金环胡蜂在蜂箱外“商量”对策。**3.** 大战终于开打了！胡蜂不费吹灰之力，咬断了一只只蜜蜂的头部。

拍摄参数 F5.6 T1 / 125 ISO400 闪光灯补光

我看在眼里顿时哑然，心中不禁思考，救得了小蜜蜂却救不了胡蜂，而胡蜂为了觅食，就该得到如此下场吗？

我用瓦片将蜂箱口堵住。

最后主人终于出现，将胡蜂捞起来，装到玻璃瓶里。

主题延伸

在某座桥下发现一个变侧异胡蜂的巢，巢挂在枯叶隐秘的地方，但还是被黑尾胡蜂找到。胡蜂毫无顾忌地吃起蜂巢里的幼虫，由下往上大开杀戒，变侧异胡蜂不像蜜蜂那样会主动迎战，只能眼睁睁地任人猎夺。

拍摄地点/青山桥（新北市）

拍摄参数 F16 T1 / 30 ISO200 闪光灯补光

059

蚜虫的生存法则

半翅目 | 扁蚜科

居竹舞蚜

Astegopteryx bambusifoliae

日期： 2011 年 1 月 3 日
地点： 崁头山（台南）

蚜虫聚集的地方常见捕食性昆虫，由于蚜虫没有驱敌能力，便请蚂蚁来当保镖，但蚂蚁并不是那么尽职，难道蚜虫只能任人取食，一点办法都没有吗？其实，蚜虫的腹管能分泌出化学防御物质来吓跑天敌，但效果有限。

有一次，我在竹林里看到很多居竹舞蚜，正在拍照时，忽然发现下方有一只蚜虫以口器刺破瓢虫的卵粒。原来，蚜虫家族有这种身体瘦小的兵蚜，专门击破天敌的卵以降低被捕食

的概率，显然蚜虫能以间接破卵的方式防御，这种行为相当特别。

蚜虫与天敌共栖时，感觉它们一点也不惊恐，也许是因为其繁殖能力很强，不怕被吃。那么蚜虫的生存哲学是什么呢？它们拼命地吸食植物汁液壮大族群，兵蚜破卵是“主动反击”，分食蜜露聘请蚂蚁当保镖是“智慧”，遇到天敌不惊不恐是“忍辱”，任人取食是“慈悲”，大量繁殖下一代是“策略”，这些就是蚜虫在大自然物竞天择、弱肉强食环境下所选择的生存方式。

1 2 3 4

1. 居竹舞蚜体背淡绿色，有两条纵带。建安（新北市）**2.** 竹叶扁蚜群聚于竹叶上取食汁液，这种环境周围常有蚂蚁活动。竹山（南投）**3.** 蚜虫聚集的地方常见瓢虫、食蚜蝇、草蛉等多种捕食性天敌。**4.** 蚜虫拼命地吸食植物汁液，繁殖能力很强，体态虽然弱小但族群庞大，在生物圈中扮演着不可轻忽的角色。加九寮（新北市）

主题延伸

夹竹桃蚜寄主有毒植物马利筋，常见的天敌是瓢虫。蚜虫腹部肥大，有一对腹管能分泌化学物质防御，像是蜡等，也有人指出腹管能分泌出“警报”讯息，以通知同伴逃逸，但很少看到蚜虫有逃命的企图。

拍摄地点 / 瑞芳（新北市）

060

保家卫国的蚂蚁

膜翅目 | 蚁科

弓背蚁 *Pheidole* sp.

一只弓背蚁从我身边匆忙爬过，我赶紧用相机捕捉它的身影，放大看后竟发现它的脚上黏着一只死掉的小蚂蚁，蚂蚁的大颚紧紧咬住臭巨山蚁的脚，其触角断了一根，6只脚不见了，模样很可怜。显然小蚂蚁曾与大蚂蚁有过一场战斗，最后小蚂蚁被高高举起并带走了好几天，但不自量力的小蚂蚁死也不松口，直至饿死。

后来我又拍到很多类似的画面，通常都是体形小的咬大的。我还拍摄过一只蚂蚁咬住食蚜蝇的脚因而被带到半空中，当食蚜蝇在花朵吸蜜时被蚂蚁发现，蚂蚁为了占有地盘而开始攻击。原本以为蚂蚁仅咬不同种的蚂蚁，没想到同种不同巢的蚂蚁也会互相残杀。

日期： 2006年3月7日
地点： 触口（嘉义）

1 2 3 | **1.** 一只蚂蚁因咬住食蚜蝇的脚而被带到半空中。瑞芳（新北市） **2.** 大头蚁咬弓背蚁的后脚，经过好几天，最后被饿死晒干。**3.** 小蚂蚁咬住触角以驱离大蚂蚁。甘露寺（新北市）

拍摄参数 F8 T1 / 125 ISO400 闪光灯补光

同种不同巢的蚂蚁也会互相残杀。崁头山（台南）

台湾弓背蚁的身体不见了，但依然紧紧咬住同伴的触角。崁头山（台南）

主题延伸

我曾拍到一只没有腹部的台湾弓背蚁在激烈的战斗中，腹部被咬掉了但却还能爬行。这些照片证实蚂蚁的意志力和承受耐力超乎人类想象。

拍摄地点/崁头山（台南）

拍摄参数 F8 T1 / 125 ISO400 闪光灯补光

061

马尾姬蜂产卵

膜翅目 | 姬蜂科

马尾姬蜂 *Megarhyssa* sp.

日期： 2004 年 7 月 21 日
地点： 雾社（南投）

发现一只体形很小的姬蜂在树干上徘徊，回家用计算机查看竟然是马尾姬蜂产卵的画面。

姬蜂分类于膜翅目，姬蜂科，台湾约有 629 种，体形皆小，触角细长 16 节以上，不呈膝状，具翅痣，翅脉发达，有 3 个盘室。雌虫具细长的产卵管，寄生于他种幼虫或蛹营生，成熟后爬出体外结茧化蛹，但也有少数寄生于他种姬蜂的幼虫，称为“次寄生蜂”。

马尾姬蜂身体黑色，腹部狭长有黄色斑纹，雌虫产卵管很长，它靠触角灵敏的嗅觉，找到天牛寄主所排放的粪便气味，再高举腹部将细长的产卵器钻入树干内产卵，成为一个寄主。其卵孵化后，马尾姬蜂的幼虫比寄主小，所以完成生活史的时间要比寄主短而快，这样才能顺利地羽化。这种蜂能抑制树木的天敌，尤其是天牛、象鼻虫的数量，因此对森林保育来说功劳不小。

马尾姬蜂触角灵敏，能找到寄主的位置。

主题延伸

姬蜂的产卵器长度可达身体的 2 ～ 3 倍，产卵器包括可弯曲的“产卵管鞘”，内部有“产卵管”。由于产卵管很细，卵的直径大于产卵管的直径，因此卵在管中运行时会被拉长呈长条状，到达寄主后才恢复原来的卵形。

拍摄地点/二子坪（台北）

1 2 3

1. 另一种姬蜂，身体黄褐色，腹部具褐色环纹，雌虫以触角在树干上搜寻寄主，树干内有某种幼虫栖息。建安（新北市）**2.** 姬蜂的腹部宽长，当它高举尾部时，产卵管就能顺势往下方插入。建安（新北市）**3.** 产卵器的外观称为“产卵管鞘”，乍看质地坚硬如钢管，姬蜂对准目标后不断扭转钻入，再将“产卵管”注入卵，成为一个寄主。建安（新北市）

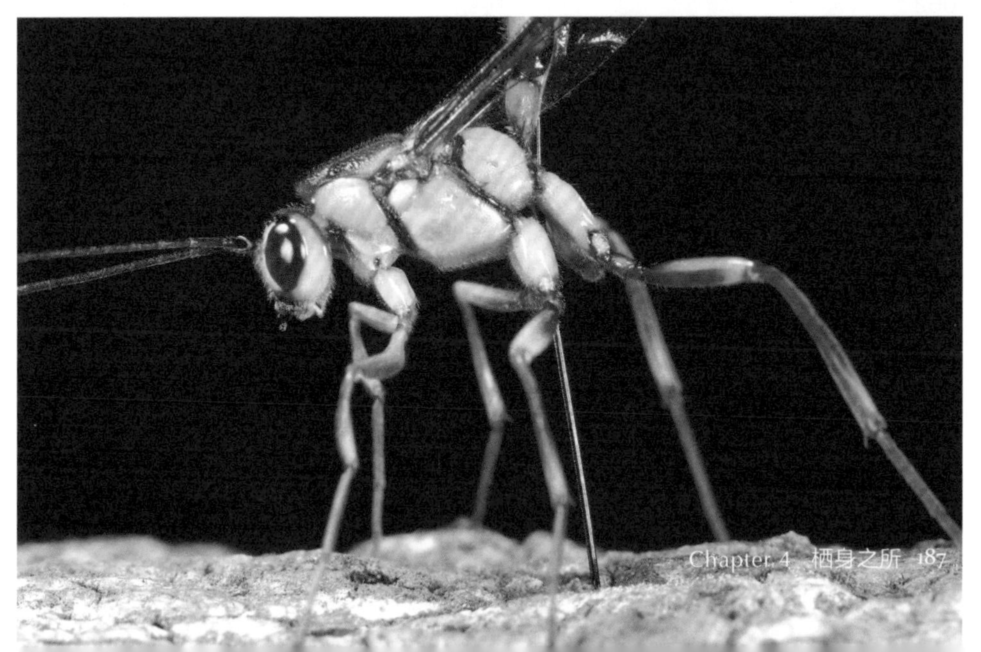

拍摄参数 F16 T1 / 60 ISO200 闪光灯补光

062

善于掘地的蝼蛄

直翅目 | 蝼蛄科

东方蝼蛄 *Gryllotalpa orientalis*

日期：2009 年 9 月 15 日
地点：水里（南投）

蝼蛄分类于直翅目，台湾有 3 种，外观看起来像蟋蟀，但触角较短，身体较长，过去常见于农家的稻田、沟渠，又称“土狗”。

蝼蛄为杂食性，主要以植物的根部或刚播下的种子为食，也吃蚯蚓。比较有趣的是这种虫喜欢掘土潜藏，因为它的前足有一个能掘土的像钉耙似的构造，可快速挖土。其实它也算是夜行性昆虫，会趋光，天黑以后到地面活动，擅于疾走、游泳、飞行、挖洞和鸣叫，称得上是“五项全能”的昆虫。

蝼蛄前足发展呈钉耙的构造，这个特殊构造，被称为“开掘足”。许多昆虫都有一些特殊的专长，像步行虫的足又细又长，虽有翅但不擅飞行，故称“步行足”；蝗虫的后足发达擅长弹跳，故称“跳跃足”；螳螂的前足呈镰刀状，故称“捕捉足”；蜜蜂的后足能采集花粉，故称“携粉足”；足丝蚁的前足膨大能分泌丝线为巢，故称“纺丝足”；仰泳蝽的后足特扁平能在水中划行，故称“游泳足”。

夜晚时，沙滩上有很多蝼蛄在地面爬行。八掌溪（嘉义）

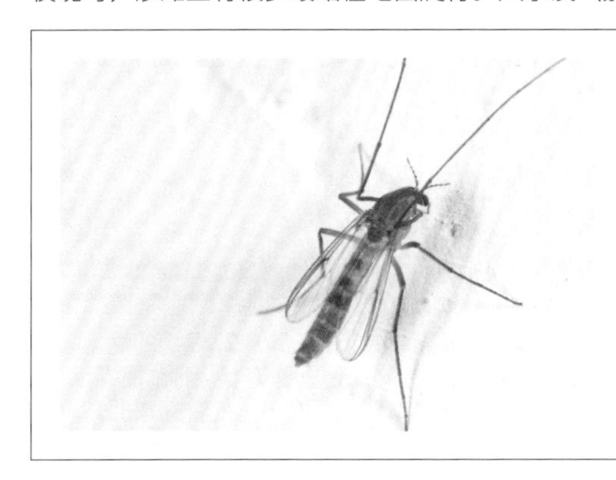

主题延伸

别小看摇蚊喔！它可是振翅最快的昆虫，苍蝇每秒振翅200次、蜜蜂300次、蚊子600次，而摇蚊振翅则每秒可高达1000次。这些昆虫飞行时振翅频率极高，因此会发出嗡嗡嗡的声响。

拍摄地点／加九寮（新北市）

1 2
3 4
5

1. 艳胸步甲的足又细又长，擅于疾走，称“步行足”。佐仓（花莲）**2.** 棉蝗的后足发达擅于弹跳，称“跳跃足”。双溪（新北市）**3.** 枯叶大刀螳的前足呈镰刀状，称“捕捉足”。铜门（花莲）**4.** 意大利蜜蜂的后足能采集花粉，称“携粉足”。水上（嘉义）**5.** 足丝蚁的前足膨大能分泌丝线为巢，称“纺丝足”。板桥（新北市）

拍摄参数 F16 T1 / 30 ISO200 闪光灯补光

063

真假榕果小蜂

膜翅目 | 长尾小蜂科

假榕果小蜂

日期： 2000 年 12 月 31 日

地点： 五尖山（新北市）

“无花果”其实是一种开花植物，开花和结果都在果实里，它和一般植物一样都需接受昆虫授粉。榕果开花期为了授粉，有专属的隙洞给榕果小蜂进入里头产卵，当卵孵化后，以部分榕果为食，幼虫成熟，雄虫会先羽化，由于雄虫无翅，所以交尾后雌虫带着果内的雄性花粉从榕果的洞口飞出，到其他的榕果产卵，由于它身上沾满花粉，因此在进入另一颗榕果时也同时授粉。

榕果与榕果小蜂单一的互动关系看来十分完美，但却有意外。有一种“拟寄生小蜂”以极长的产卵管插进榕果寄生，幼虫会破坏榕果小蜂的组织，并将果实蛀蚀，一旦榕果被寄生了，果实最后都会腐败掉落。由于拟寄生小蜂长得很像榕果小蜂，因此有人称它们是“假榕果小蜂”。

有一次我从山上带了一颗榕果回家放在瓶子里，隔天里头出现了好几只假榕果小蜂，原来这些外表看似无异状的榕果，早已被假榕果小蜂寄生了。

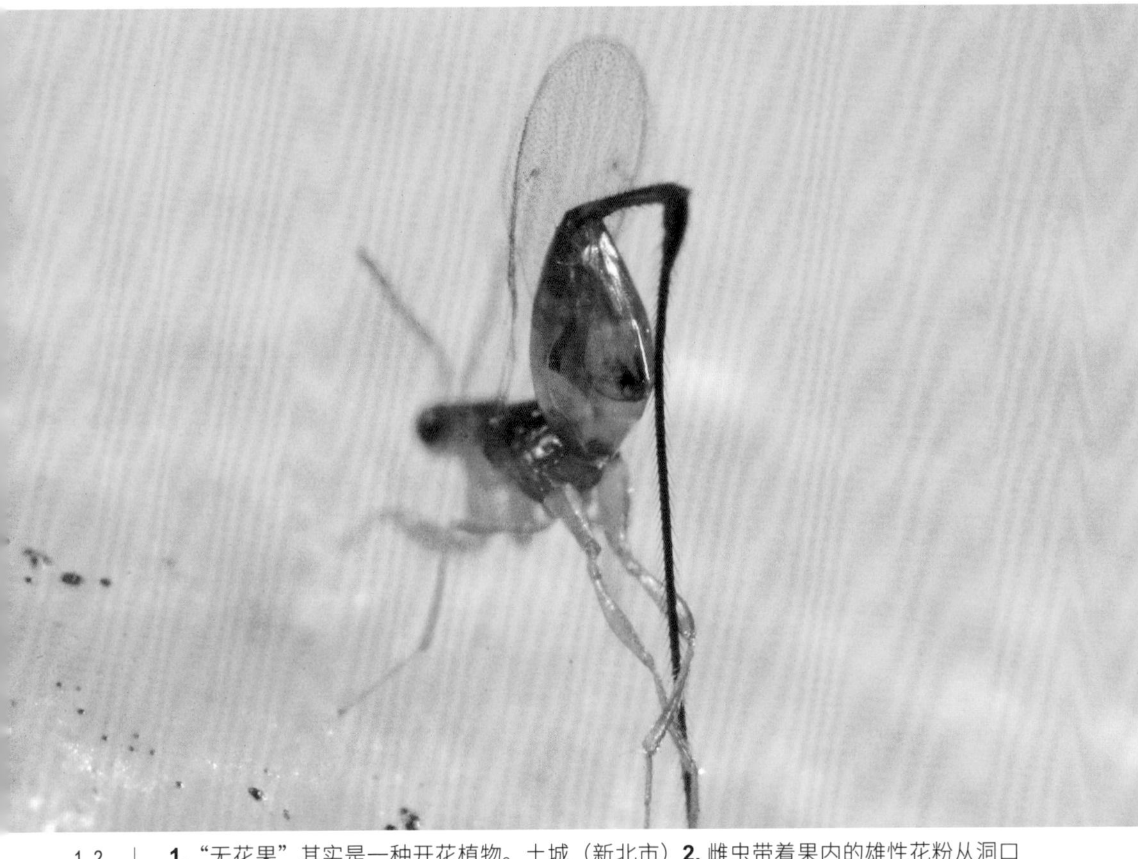

1 2 5
3 4

1.“无花果”其实是一种开花植物。土城（新北市）**2.** 雌虫带着果内的雄性花粉从洞口飞出，到其他的榕果内产卵，有趣的是，榕果仅有两次机会于果端打开隙洞让雌虫进出，其余时间都是封闭的。加九寮（新北市）**3.** 雄虫终其一生都在黑暗的榕果里，它会先羽化，等待雌虫羽化后交尾。文笔山（新北市）**4.** 假榕果小蜂产卵管很长，边缘密生刺毛。**5.** 它用后脚清理这些刺毛，等待交尾，然后到其他的榕果寄生。土城（新北市）

主题延伸

螳小蜂也是一种寄生性小蜂，体长约3.5毫米，体色具金属光泽，复眼红棕色，后脚腿节膨大，下缘呈锯齿刺突，胫节弧形内弯。雌虫具细长产卵管，会于螳螂的螵蛸内产卵，寄生螳螂的卵以繁衍后代。

拍摄地点 / 金龙湖（基隆）

拍摄参数 F8 T1 / 100 ISO400 自然光源

064

沫蝉的泡沫

半翅目 | 沫蝉科

红纹沫蝉 *Cosmoscarta uchidae*

日期： 2003 年 5 月 11 日
地点： 土城（新北市）

沫蝉是半翅目头喙亚目的昆虫，具刺吸式口器，以吸食植物汁液为食。台湾沫蝉科有 11 属 28 种，其中红纹沫蝉最为常见，寄主苎麻、姑婆芋、香蕉、通木等多种植物，成虫黑色具红色斑纹，若虫无翅会制造泡沫为巢。

我在屏东雾台发现了一只红纹沫蝉，若虫正在制造沫巢，胸背部白色，腹背红色，外形肥胖很可爱。若虫在吸食大量植物汁液后，就直接用由肛门排出来和腹端所分泌的黏液混合搅拌成泡沫裹身，这些泡沫不容易被水溶化，因此具有保湿、防晒等功能，且沫蝉躲在泡沫里，天敌也看不到它，好处很多。

当沫蝉在巢里时就不再移动，主要以吸食茎枝或叶片汁液为食。所有的沫蝉都会吐泡沫，若虫和成虫的颜色、形态都不一样，每一种沫蝉通常都有特定的寄主，然而红纹沫蝉的寄主植物比较多样化，其他常见的沫蝉多寄主禾本科、豆科、悬钩子、台湾款冬。

红纹沫蝉，若虫身体肥胖很可爱。雾台（屏东）

主题延伸

红纹沫蝉的若虫从初龄到终龄都在巢里度过，我曾在屏东双流森林游乐区拍到一只即将羽化的红纹沫蝉，翅膀和斑纹隐约可见，这是我唯一拍到的一张，十分珍贵。

拍摄地点/双流（屏东）

1 2
3 4
5

1. 红纹沫蝉，若虫集体在密花苎麻的枝条上制造泡沫，巢与巢相连，躲在里面吸食枝条上的液体，不用担心天敌，安全有保障。木栅（新北市）**2.** 红纹沫蝉寄主多种植物，成虫反而较喜欢吸食姑婆芋、香蕉叶片的汁液。青山瀑布（新北市）**3.** 一点铲头沫蝉是另外一种沫蝉，寄主禾本科。龟山（宜兰）**4.** 一点铲头沫蝉若虫身体较小，绿色。龟山（宜兰）**5.** 一点铲头沫蝉成虫，头、胸部宽扁像铲子。龟山（宜兰）

耐人寻味的有趣行为

拍摄参数 F16 T1/30 ISO200 闪光灯补光

065
朝生暮死的蜉蝣

蜉蝣目 | 四节蜉蝣科

四节蜉蝣

日期： 2005 年 1 月 1 日
地点： 满月圆（新北市）

古书记载，蜉蝣朝生暮死，意思是形容它早上刚羽化，到了晚上生命就结束了，比喻生命的短暂。其实蜉蝣的生命不只一天，若计算稚虫的整个生活史，推估蜉蝣应有一年的寿命，但成虫寿命只有 1 ～ 2 天，在昆虫界里也算是短暂的了。

蜉蝣自水中爬向岸边的草枝上羽化，刚羽化的翅膀还不是很透明，要再等一次蜕皮才算是成虫。成虫翅膀透明具金属光泽，其寿命虽短，但它并不会因此自暴自弃；相反地，自羽化那一刻起展翅飞翔，便开始在天空中熟悉环境，然后寻找配偶、交尾、产卵，一点也不浪费时光。

蜉蝣准备产卵时也是刻不容缓，它无法像一般昆虫那样慢条斯理地产卵，因为时间不多，所以以近似投水的方式产卵于水面。产卵季节时，有数不清的蜉蝣集体于河流产卵，由于雌虫产卵后不久即死亡，这时可见大量的卵和蜉蝣尸体漂浮在水面，成为鱼、虾的食物，因此也只有极少部分的卵有机会孵化为稚虫。即使如此，蜉蝣朝生暮死的形态，也给人们以启示，生命虽然短暂但不可以放弃希望，即使须臾的时间也可以让生命活得很充实。

蜉蝣，成虫身体柔弱，触角短小，头部能自由转动，复眼发达，有3个单眼，翅膀透明，前翅大于后翅，停栖时直立于背上，具两条尾须。明池（宜兰）

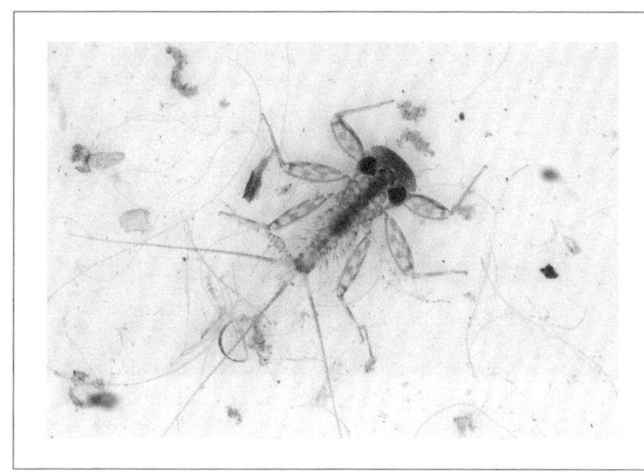

主题延伸

扁蜉蝣稚虫栖息于水底，其体形相当怪异，头、胸部特大，身体扁平，复眼长在背面，靠腹侧的气管鳃呼吸，植食性，幼生期很长，有的要脱皮20余次。

拍摄地点/天祥（花莲）

刚羽化的翅膀不透明，称为亚成虫。满月圆（新北市）

成虫栖息于水边，等待交尾或产卵。竹崎（嘉义）

拍摄参数 F8 T1 / 100 ISO400 闪光灯补光

066

细角黾蝽的水舞

半翅目 | 黾蝽科

细角黾蝽 *Gerris gracilicornis*

日期：2012 年 1 月 19 日
地点：土城（新北市）

细角黾蝽是水栖的常见昆虫，想要拍好它并不容易。因为其习性敏感，一靠近就会离开，而且在阴暗环境使用闪光灯拍出来的背景会呈现黑色，反差大，拍摄出来的画面效果较差。

细角黾蝽通称“水黾”，它的脚很长，上头密布纤毛，凭借着水的表面张力和脚上所分泌的油脂，它能任意地在水面上滑行和跳跃。

有一次，我在菜园的一个小水池发现了细角黾蝽，由于水池底部布满绿藻，加上阳光不大，没有强烈的反差，相当适合柔光摄影，因此我开启闪光灯，以斜射的方式来补光，依稀记得当时的曝光值是F8 T1/100 ISO400，闪光灯M模式，拍摄出来的效果相当不错。

近似水黾摄影的水栖昆虫还有划蝽和仰蝽，它们都活动于水面上。由于水会吸收闪光灯的光源，因此无论使用多大光亮的闪光灯拍摄下来，画面的背景都会呈现黑色，所以若在光线条件许可的情况下，建议使用自然光，设定高快门和高感光度，再以开启闪光灯但不直射水面的方式拍摄，出来的作品效果都会不错。

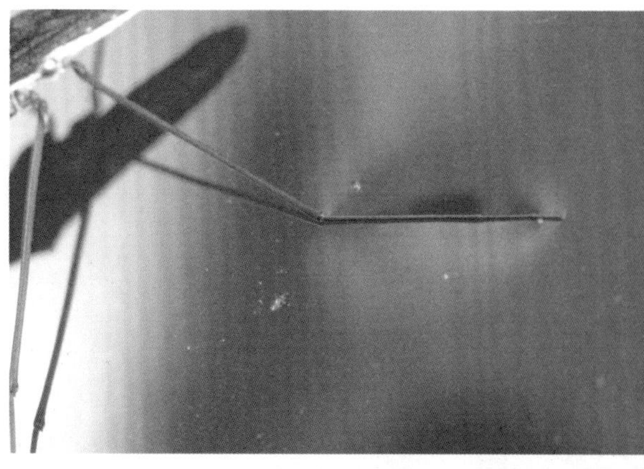
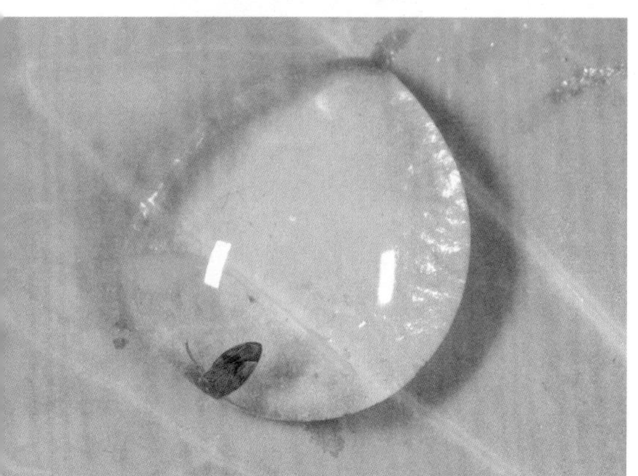

1 2 3 4 5

1. 由于水池底部布满绿藻，加上阳光不大，适合柔光摄影。**2.** 细角黾蝽的脚上密布纤毛，水的表面张力和脚上所分泌的油脂使它能够漂浮于水面。**3.** 细角黾蝽，脚很长，能自由地在水面上滑行和跳跃。**4.** 四纹小划蝽，身体微小，只有 2.2 毫米，放在水芋叶上的水滴拍摄。甘露寺（新北市）**5.** 作品呈现出来的感觉很棒，这些都是经验的积累。甘露寺（新北市）

主题延伸

小仰蝽，跟水黾不一样，腹部朝上，前、中脚缩到腹面，后脚像桨，腹侧及后脚密生纤毛，擅于划行。终生栖息水面，以携带气泡置于腹侧的气孔上呼吸，若遇干水期会集体飞行迁移到另一个水池。

拍摄地点 / 鸟松湿地（高雄）

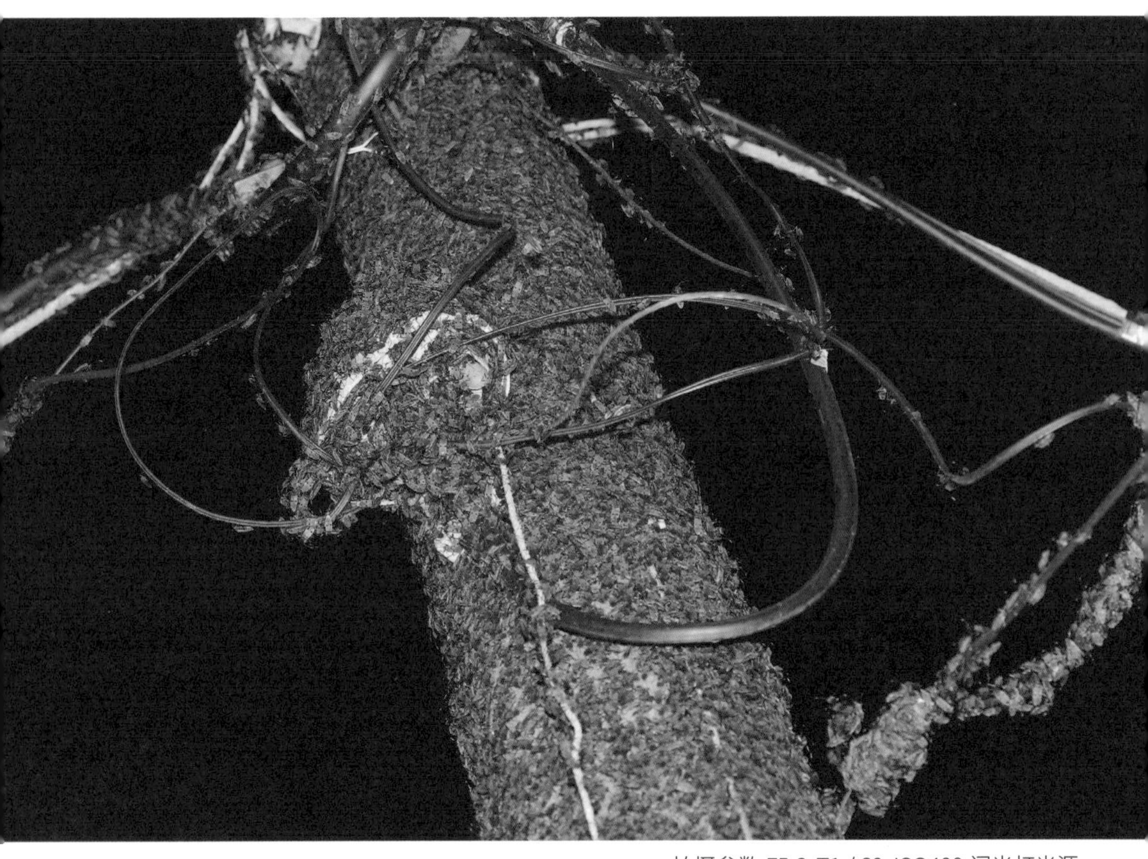

拍摄参数 F5.6 T1 / 60 ISO400 闪光灯光源

067

四斑红蝽大发生

半翅目 | 红蝽科

四斑红蝽 *Physopelta quadriguttata*

日期： 2004 年 5 月 10 日
地点： 镇西堡（新竹）

四斑红蝽，俗称臭龟仔，用手碰触会散发腥臭味，其分布相当普遍，从低海拔到高海拔均可见，是一种趋光性很强的昆虫。

有一次和友人到新光部落，晚上在一根电线杆上看到数以万计的四斑红蝽，层层叠叠，再往上抬头一看，大为吃惊，因为整根电线杆都被它们包覆起来了。我用相机拍了全景，又拍了地面的椿象，只见它们安静地停栖，好像约好似地聚集在一起。但为什么只选这一根路灯呢？附近相同的路灯不少，但都没有椿象停栖。我猜附近应有某种农作物是这种椿象的寄主植物，由于夜晚时椿象会趋光，先来停栖的椿象可能会散发出一种气味，因而吸引其他的椿象同伴也跟着飞过来。

我们拍照的时间是在晚上 11 点半，隔天再回到原地去看，发现电线杆和地面干干净净，一只椿象也没有，好像昨晚那一大群的四斑红蝽从未出现过一样。我询问了当地居民，然而他们并没看过这根电线杆上的昆虫，只说那阵子有很多臭龟仔飞到纱窗或飞进屋子里。我猜想，应该是当地居民都很早就寝，而四斑红蝽大约是在晚上 9 点半以后开始趋光聚集，隔天早上 5 点或更早时就飞离，因此当地居民没看过电线杆上密布椿象的画面。

四斑红蝽翅面有4 枚黑色斑点。阿里山（嘉义）

主题延伸

古时候蝗灾，数十亿的蝗虫仿佛乌云罩顶，瞬间可将整片农田的作物啃蚀殆尽，然而这些蝗虫的聚集原因至今依然不明。我在瑞芳山区拍过很多食蚜蝇在天空飞舞的画面，食蚜蝇的下方正是菜园，据推测可能跟地面上的堆肥有关联。

拍摄地点 / 瑞芳（新北市）

1 2 3 4

1. 四斑红蝽大聚集发生的原因不明。为什么只在这根电线杆上呢？之后我又在同一个月份前往，但电线杆上却不见大量的椿象群聚。**2.** 四斑红蝽将整根电线杆都包覆起来。**3.** 电线杆下密布许多椿象，它们很安静，好似正在进行一场会议。**4.** 层层叠叠的椿象挤在一起，但并没有万头攒动。新光（新竹）

拍摄参数 F16 T1 / 125 ISO200 闪光灯光源

068
蚂蚁带便当

膜翅目 | 蚁科

黑褐举腹蚁 *Crematogaster rogenhoferi*

日期： 2007 年 5 月 8 日
地点： 瑞芳（新北市）

螨分类于蛛形纲，蜱螨亚纲，寄生性或捕食性，通常体形都很小。

我曾拍摄到一只蚂蚁，它的脚关节附着一粒像蜜囊的东西，当时对昆虫的了解有限，以为它能像蜜蜂一样采集“蜜囊”，后来才知道这是被一种螨“寄生”* 了。不过当时拍到这个

* 简体版校订者注：本节“寄生”的引号为校订者所加，这种“搭车”的现象应称为“共生”。

画面确实兴奋了好一阵子，后来发现螨“寄生”昆虫到处可见。

螨会以口器咬住寄主，它有 8 只脚，但肉眼不容易辨识。或许你会有一个疑问，螨会吸食蚂蚁的体液吗？答案是否定的。因为螨的目的不在取食，而是像在搭公交车一样，当蚂蚁到达适合的栖所时，螨就会自行脱落，找寻真正的“寄主”。

有一年，在藤枝森林游乐区的某个垃圾箱发现有好多螨，腐败的臭味从垃圾箱传出来，地面聚集了很多苍蝇、蜜蜂，然而每一种前来觅食的昆虫身上都被螨“寄生”，像得了一场瘟疫般。我正纳闷为何昆虫会被螨“寄生”，原来螨就是通过蚂蚁这种“公交车”，扩散到任何地方。

1 2 3 4 5

1. 蚂蚁的两只后脚都被螨咬住了。**2.** 螨咬到蚂蚁的位置，都在脚的关节部位。土城（新北市）**3.** 几乎每一种昆虫都会被螨寄生或附着，这只竹节虫被 3 只螨咬住，甩都甩不掉。冷水坑（台北）**4.** 甘薯小绿龟甲身上也有好多螨，“寄主”昆虫的螨颜色、大小皆不一样，可见是多个种类。土城（新北市）**5.** 尼负葬甲栖息在腐败的尸体上，因为环境较差，所以几乎每只被埋葬虫的身上都会附着数不清的螨。碧绿（花莲）

主题延伸

在林子里拍到一只食虫虻猎取被螨“寄生”的蜜蜂当食物，不久，蜜蜂身上的螨也会爬到食虫虻身体上。

拍摄地点 / 藤枝（高雄）

069

大难不死的浓紫彩灰蝶

鳞翅目 | 灰蝶科

浓紫彩灰蝶 *Heliophorus ila matsumurae*

蝴蝶躲避天敌的方式，除了利用保护色、警戒色外，“断尾求生”也是多数蝴蝶惯用的伎俩，但它们却不像壁虎那样直接断尾。很多灰蝶尾部具有拟眼纹和两根尾突，会上下摇摆，停栖时它们总将头部朝下，腹部翘高，好像在招呼天敌：你要吃我吗？这里才是头部！当天敌毫不犹豫地往翅端啄时，这时蝴蝶就会受到惊吓而逃命。

有一年，我在阳明山二子坪步道发现了一只小灰蝶，它的翅膀上半部和后半部都不见了，从仅剩下的橙色斑纹可推测它是浓紫彩灰蝶无误。我猜想，这只可怜的灰蝶应该是连续碰到两次攻击，最先是被啄掉翅端，接着上缘也被啄伤。天敌误把尾部看成头部，而翅缘的红色斑纹也成为第二次攻击的目标，反而朴素没有醒目斑纹的头部和翅基部未受到攻击。由此

日期： 2005 年 9 月 16 日
地点： 二子坪（台北）

1 2 3 | **1.** 浓紫彩灰蝶翅端鲜艳，有两根尾突。瑞芳（新北市）**2.** 曲纹紫灰蝶的翅端有拟眼纹，天敌会误以为是其头部而啄食，让灰蝶有机会逃命。水上（嘉义）**3.** 犁纹丽夜蛾的幼虫，尾部有红色斑纹，让天敌分不清头尾。土城（新北市）

拍摄参数 F8 T1 / 60 ISO400 闪光灯光源

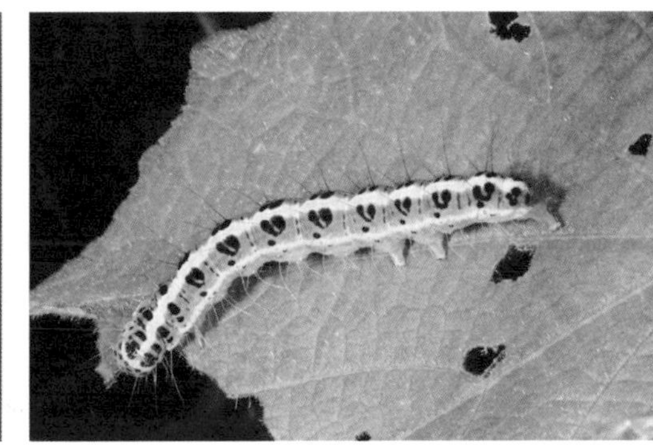

可以证明，蝴蝶的拟眼纹和颜色是有作用的，不仅仅只是用来装饰。我也曾看过一种犁纹丽夜蛾的幼虫寄主于野棉花，它的外形也是常让天敌分不清头、尾，我用特写拍了头部和尾部，仔细观察，会发现尾部看起来更像头部，显然许多昆虫都会利用以假乱真的方式来保命。

犁纹丽夜蛾幼虫，尾部还有两枚像眼睛的斑纹，使该部位看起来更像头部。土城（新北市）

其实犁纹丽夜蛾幼虫真正的头部颜色很淡。土城（新北市）

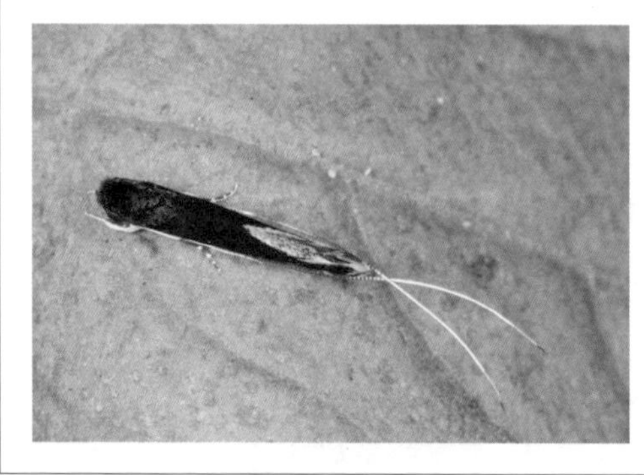

主题延伸

玫蛾，身体狭长，触角白色。由于触角很长，它将两根触角向后交叉于腹端，乍看之下尾部很像头部，头部反而没有触角。这种欺敌的方式跟浓紫彩灰蝶不同，但效果一样。

拍摄地点/石壁山（云林）

拍摄参数 F16 T1 / 60 ISO100 闪光灯光源

070

小心扁锹甲的大颚

鞘翅目 | 锹甲科

台湾扁锹甲 *Dorcus titanus sika*

日期：2007 年 9 月 17 日
地点：土城（新北市）

昆虫保护身体可简化成“积极保命”和“消极保命”两种，“消极保命”是以模仿自然物欺敌，委屈自己或牺牲某一部分不重要的器官保命，这类昆虫通常使用伪装伎俩；而“积极保命”则以主动攻击令天敌退怯，这类昆虫通常具有锐利的大颚、布满棘刺或具毒性。

锹甲具有发达的大颚，形态威武，然而它也有胆小的一面。有一次我在山区发现一只台湾扁锹甲，当它感受到危机时立即 6 脚一缩装死，但大颚是张开的，这时我以为它装死就没有攻击性，立刻把它抓起来放在手掌上。没想到，它正处于警戒状态，因此当大颚一碰触到我的手心它就立刻发动攻击，用大颚夹住我的手，我只好先忍痛拿相机拍了一张，再小心地将大颚扳开，若情急用力拉就会皮开肉绽血流不止。

有了这次经验，让我了解到昆虫虽然装死，但其实它还是有观察能力的，只是在等待时机找寻机会逃走或发动攻击。

台湾扁锹甲大颚有齿突，具攻击性。瑞芳（新北市）

主题延伸

长管食植瓢虫也会掉落到叶片上装死，不过它还有另一项绝招，那就是从关节分泌黄色臭液，让鸟类不想吃它。除此之外，象鼻虫、椿象、叶甲，有些蝴蝶、蛾类也都会使用装死的伎俩。

拍摄地点/南澳（宜兰）

1 2 3

1. 扁锹甲遇到天敌或骚扰会腹部朝上、四脚朝天装死。**2.** 我以为装死的扁锹甲不具威胁性，没想到它后来用大颚夹住我的手指。**3.** 下次见到扁锹甲时不妨做个实验，用帽檐去碰触扁锹甲的大颚，它会立刻夹住不放喔！土城（新北市）

071

别再玩美凤蝶的臭角

鳞翅目 | 凤蝶科

美凤蝶 *Papilio memnon heronus*

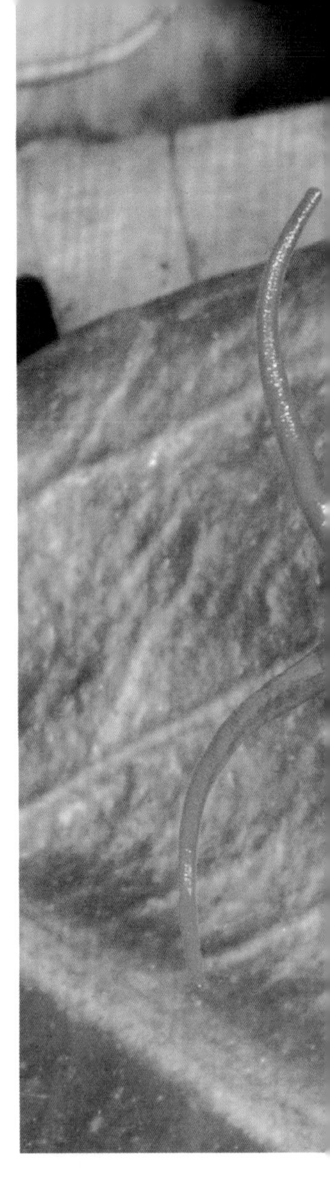

低龄的美凤蝶幼虫外形模仿鸟粪，终龄模仿蛇，蛹模仿树叶，当天敌靠近或欲啄食时，美凤蝶幼虫还有一招，那就是立刻伸出臭角来吓唬敌人。臭角外形似分叉状的蛇信，颜色鲜红，而且还具有浓浓的柑橘气味。

许多人都知道美凤蝶幼虫会吐臭角，因此当有小朋友在场时还会故意去碰触幼虫的头部，或许当小朋友看到突然伸出的臭角时都会吓一跳，不过这种行为多做几次后就没反应了，反而变成在逗弄美凤蝶开心。

有一次和友人到牛伯伯蝶园又看到美凤蝶幼虫，由于我想拍摄臭角的特写，正要伸手去逗弄它时，朋友却要我别碰它，那时我还不明就里，过了 10 分钟

日期： 2005 年 12 月 1 日
地点： 加九寮（新北市）

1 2 3 | **1.** 美凤蝶，雌，有细小的尾突，黑色。乌来（新北市）**2.** 大凤蝶，低龄幼虫模仿鸟粪。乌来（新北市）**3.** 美凤蝶，蛹模仿小叶，垂挂在枝条上。雾社（南投）

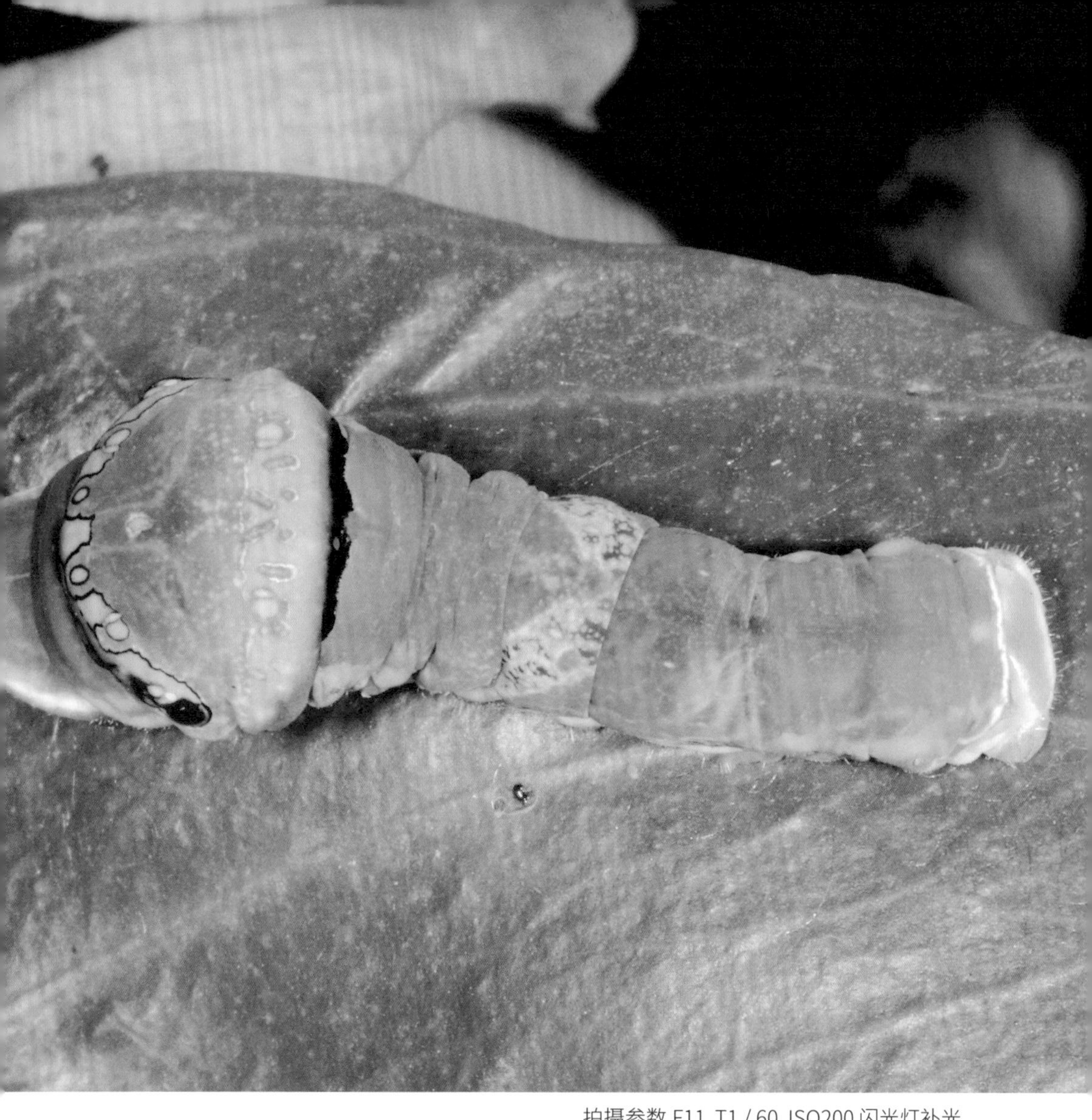

拍摄参数 F11 T1 / 60 ISO200 闪光灯补光

后我们又回到此处，却发现美凤蝶的幼虫不见了。朋友指着刚刚那片叶子，只见上面有墨绿色的液体，这时我懂了，原来幼虫被胡蜂吃掉了，只留下一滩水。本来幼虫以保护色隐藏，胡蜂找不到它，但当它因伸出臭角而释放出的气味却被胡蜂闻到，便很快地就暴露了它的行踪而成为别人的食物。从这件事发生后，我便不再拍摄美凤蝶的臭角，且每当受邀演讲时，我都会跟大家分享这个“故事”，希望志愿者们带团时别再作出故意碰触美凤蝶的行为。

1. 美凤蝶的臭角会释放浓浓的柑橘气味，反而容易被天敌发现它的位置。土城（新北市）**2.** 日本马蜂闻到气味，很快就找到猎物并将其吃光。瑞芳（新北市）

主题延伸

椿象、瓢虫、竹节虫碰到天敌时，也会释放臭液吓阻天敌；有些蛾类幼虫遇到骚扰会吐出黑色的臭液，让天敌没有食欲；而五斑虎夜蛾幼虫一遇到危急就大便，这一招也有效喔！

拍摄地点/望天崎（嘉义）

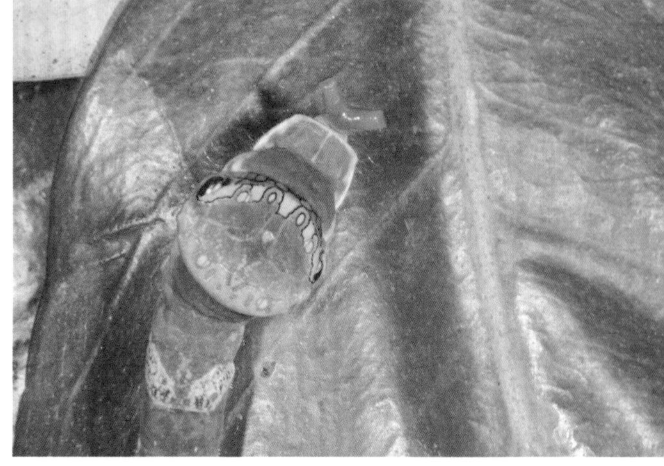

1 2 3

1. 美凤蝶终龄若虫，体形很大具白色斑纹。安坑（新北市）**2.** 危险状况消除，收回臭角。安坑（新北市）**3.** 臭角完全不见。安坑（新北市）

072

卵形叶甲覆粪产卵

鞘翅目 | 叶甲科

卵形叶甲 *Oomorphoides* sp.

一天我在草岭山区拍照，那天虫况不佳，坐在树下没事便翻了翻白匏木的叶子，没想到竟发现有好多黑色细小的卵形叶甲，其中一只卵形叶甲腹部末端正在排出一粒黑色的东西，原本我以为是粪便，但它却又用后脚托住，一副很怕这东西掉落的样子。接着，我又观察到其他卵形叶甲也有同样的行为，这时我才恍然大悟，原来它们是在产卵。卵形叶甲妈妈将刚产下的卵以后足托住，并不停地转动卵，好将金黄色的粪便包裹上去。卵形叶甲为什么要把自己的卵裹上又臭又脏的大便呢？

后来我在其他地方拍到另一种瘤叶甲，发现它也会排卵裹粪，且观察到附近的瘤叶甲幼虫身上背负着椭圆形的袋子四处爬行，一旦遇到骚扰便立刻将头部缩进去。

日期：2008 年 6 月 12 日
地点：草岭（云林）

1 2 3 | **1.** 卵形叶甲，体长仅 2.5 毫米，椭圆形没有斑纹。建安（新北市）**2.** 发现一只卵形叶甲正在排出一粒疑似粪便的东西，但它的后脚为什么托住排出物并不停地旋转呢？利嘉林道（台东）**3.** 原来是卵形叶甲妈妈产卵了。只见它不停地转动卵以裹上金黄色的粪便。

拍摄参数 F16 T1 / 30 ISO200 闪光灯补光

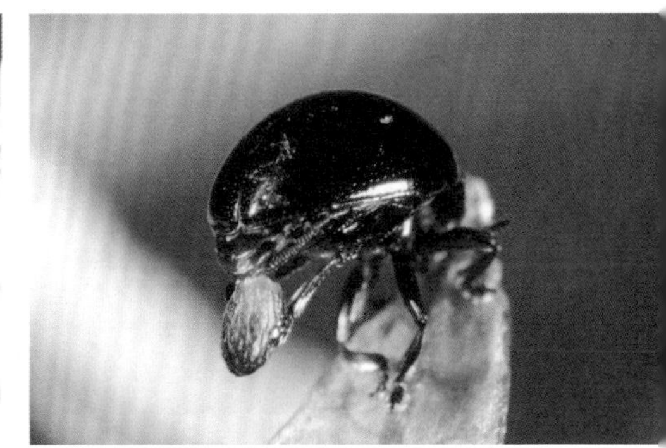

原来，瘤叶甲妈妈产卵裹粪后，卵便在粪便里孵化成为幼虫，这时粪球外表逐渐干硬成壳，孵化的幼虫便把它当作巢袋躲在里面，或是扛着觅食。这种行为就像蓑蛾的幼虫一样，只不过蓑蛾是自己制作巢袋，卵形叶甲的巢袋是妈妈产卵时送给宝宝的爱心礼物。

瘤叶甲产卵时也利用后脚托住，然后裹上粪便。阳明山（台北）

瘤叶甲幼虫孵化后，就背着干掉的粪壳到处爬行寻找食物，当遇到天敌时就把头缩进粪壳里，这习性就像蓑蛾的幼虫一样。土城（新北市）

主题延伸

大蓑蛾的幼虫以断枝残叶吐丝筑巢，觅食时会伸出头部，遇到骚扰就缩进巢里，很像躲避人家讨债，所以也称“避债蛾”。幼虫羽化，雄蛾有翅飞出，雌蛾无翅，一生都生活在巢里。

拍摄地点/瑞芳（新北市）

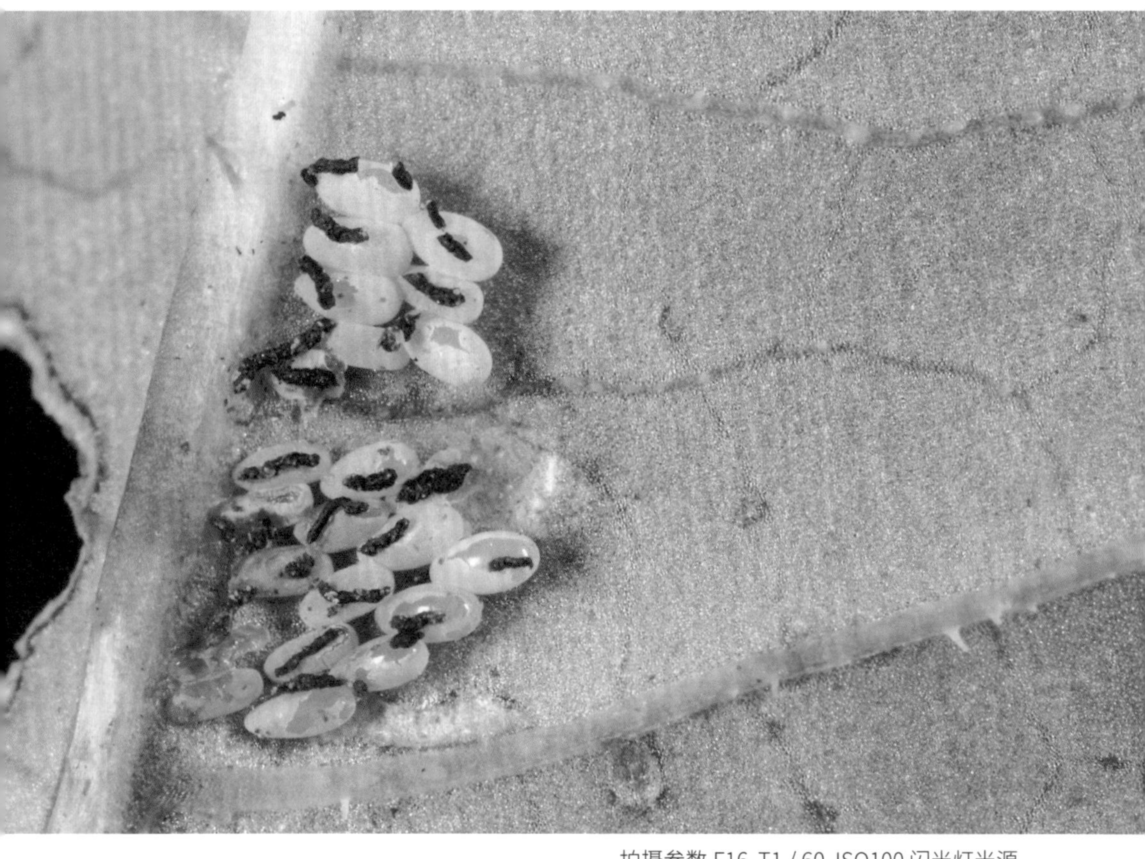

拍摄参数 F16 T1 / 60 ISO100 闪光灯光源

073

缅甸蓝跳甲护卵的招数

鞘翅目 | 叶甲科

缅甸蓝跳甲 *Altica birmanensis*

日期： 2009 年 3 月 17 日
地点： 明池（宜兰）

缅甸蓝跳甲全身呈蓝黑色具光泽，翅鞘有细刻点呈纵向条纹，腹面蓝黑色。它的近似种很多。由于缅甸蓝跳甲寄主专一，若是在火炭母草上看到的大概就是它了。成虫全年可见，常成群觅食火炭母草，遇到骚扰会弹跳飞离或装死掉落草丛里。黄昏常见缅甸蓝跳甲的集体婚礼以及交尾的画面，有时可见 3 ～ 4 只相叠在一起，场面十分热闹。

有一次，我在火炭母草叶片上发现有很多

黄色的卵，每一粒卵上面都有黑色的条状物，原来这是缅甸蓝跳甲妈妈的杰作。当它产完卵后会在每一粒卵上头覆上自己的条状大便，听起来似乎很恶心，你或许会纳闷它为何会把排泄物放置在卵上呢？

其实这是一个很有趣的行为，缅甸蓝跳甲妈妈将卵覆上粪便主要是为了保命。有了粪便就不怕卵被蚂蚁搬走，而且大多数的天敌也没有猎食的兴趣，你说，缅甸蓝跳甲妈妈是不是很聪明呢？另外，还有卵形叶甲、瘤叶甲妈妈也会产卵裹粪，这也是避免生下来的卵被天敌吃掉才采取的方法，是不是很有智慧呢？

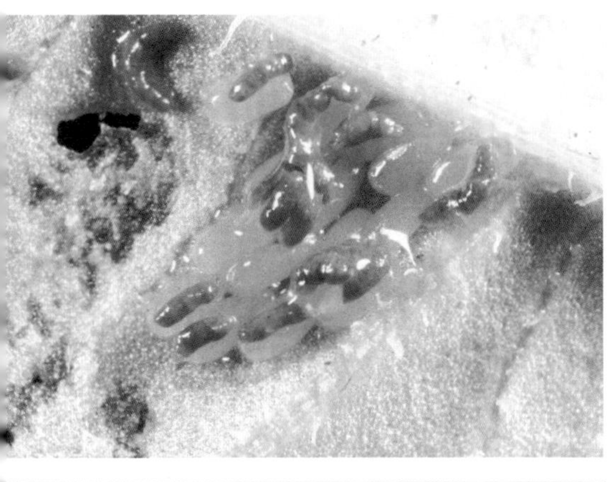
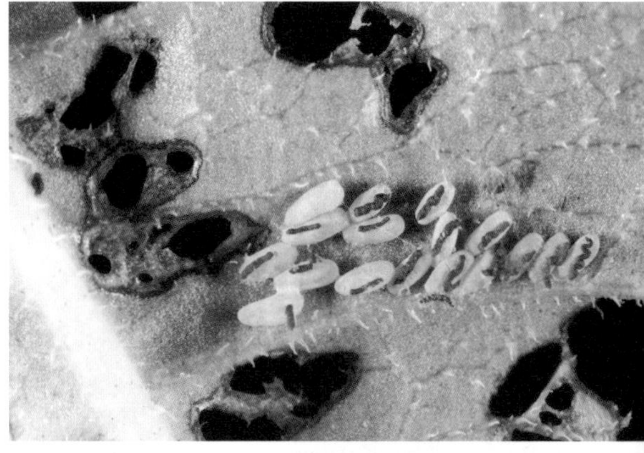
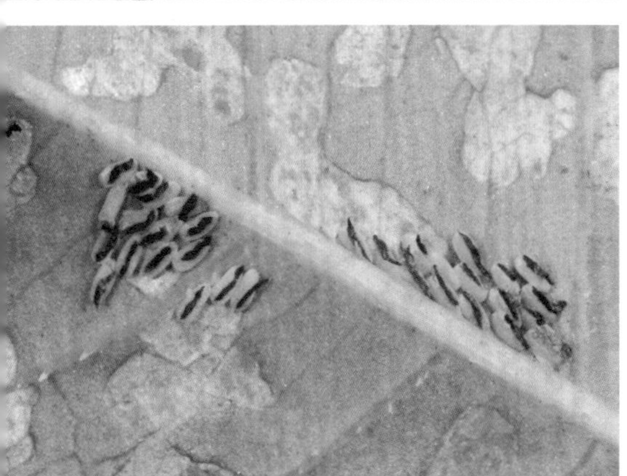

1 2 3 4 5 | **1.** 缅甸蓝跳甲在火炭母草上寄主、交尾。观雾（新竹）**2.** 缅甸蓝跳甲将卵产在火炭母草叶背，并立刻在每一粒卵上覆盖一条粪便。五指山（新竹）**3.** 不久之后，这些粪便会变得干硬，看起来就没那么恶心了。五指山（新竹）**4.** 每一粒卵上面都有粪便，这样蚂蚁就不会把它搬走。阳明山（台北）**5.** 卵孵化后，幼虫和成虫都以火炭母草的叶片为食。观雾（新竹）

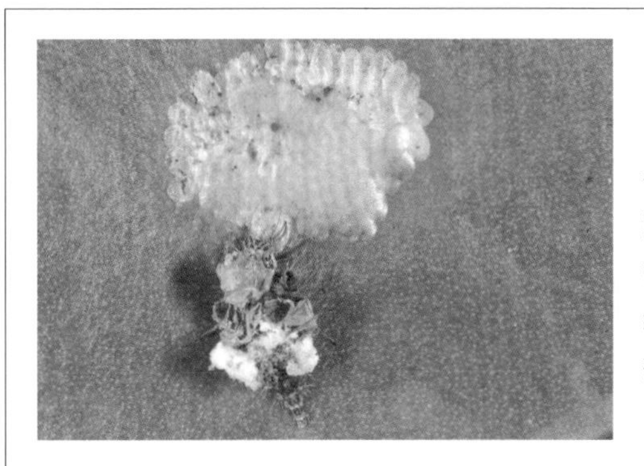

主题延伸

昆虫为了延续族群，在产卵、护卵上各有一套本事，草蛉的卵有一条丝系在半空中；黄盾背椿象的卵由雌虫守护；卷叶象甲的卵藏在摇篮里。卵若暴露在外面，结果就会像这张照片一样，被蚜狮给吃干抹净。

拍摄地点 / 土城（新北市）

拍摄参数 F11 T1 / 100 ISO200 闪光灯补光

074

黄色凹缘跳甲幼虫覆粪

鞘翅目 | 叶甲科

黄色凹缘跳甲 *Podontia lutea*

日期：2006 年 5 月 18 日
地点：阳明山（台北）

黄色凹缘跳甲又称“大黄跳甲”，体长是一般跳甲的 3 ～ 6 倍，身体黄色，触角前两节黄色，其余黑色，各足黄色，胫节以下黑色，翅背有不明显的纵向刻点。观察黄色凹缘跳甲的生活史很有趣，它的寄主植物专一，只要找到植物山漆就能找到它。

5 月间，我在阳明山一棵山漆上看到很多黄色凹缘跳甲的幼虫，有一只雌虫正在产卵，只见它先排出黏液再将卵附着其上，一次可产下

18 ～ 20 粒。待卵孵化，幼虫破壳而出后立即可取食嫩叶。刚出生的幼虫会以自己排出的粪便裹身，让身体变成黑色，好多幼虫都这样，挤在一起脏兮兮的。幼虫渐渐长大，裹在身上的粪便也越来越多，甚至将全身包得密不透风。这些粪便是怎么裹上去的呢？它们又如何将腹端的粪覆盖到头顶上呢？可惜，我没机会亲眼见到它们裹粪的画面。

也许你会觉得粪很恶心，但其实它是无味的，表面覆着一层透明的油质，粪具有让天敌不想捕食的功用，也可以保湿，到了终龄化蛹时它们能轻易地将粪便甩掉，然后钻到地下化蛹。

羽化后的成虫呈金黄色，也以山漆叶为食。知本林道（台东）

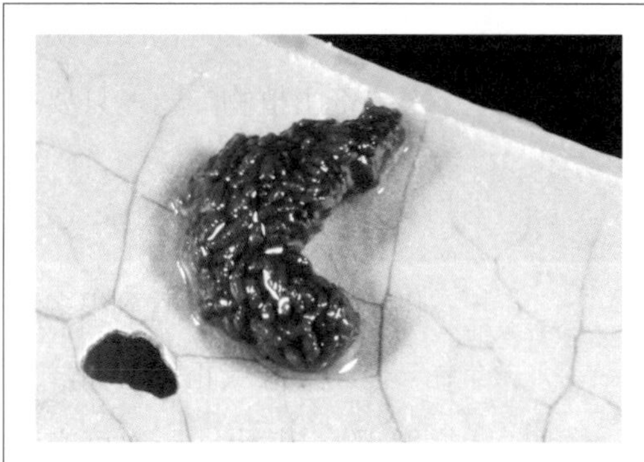

主题延伸

台湾负泥虫，身体红色，翅鞘靠近基部的刻点较少且光滑，以菝葜为寄主植物。幼虫也会裹粪，几乎都盖满全身。“粪”虽是排泄物，但对这些叶甲的生存来说很重要。

拍摄地点 / 关山（台南）

1 2
3 4
5

1. 黄色凹缘跳甲的雌虫在山漆的树干上产卵。**2.** 卵孵化成幼虫后，会以粪便裹身，将全身涂抹得脏兮兮的，很多叶甲科幼虫都有这种行为。**3.** 黄色凹缘跳甲幼虫是如何把粪堆到身上的呢？ **4.** 把自己包裹得密不透风。它们通常白天休息，夜晚觅食，所以裹粪的动作可能都在晚上进行。**5.** 这些粪没有臭味，上面有一层油质，终龄幼虫可一次甩掉所有的粪，然后爬到地下化蛹。

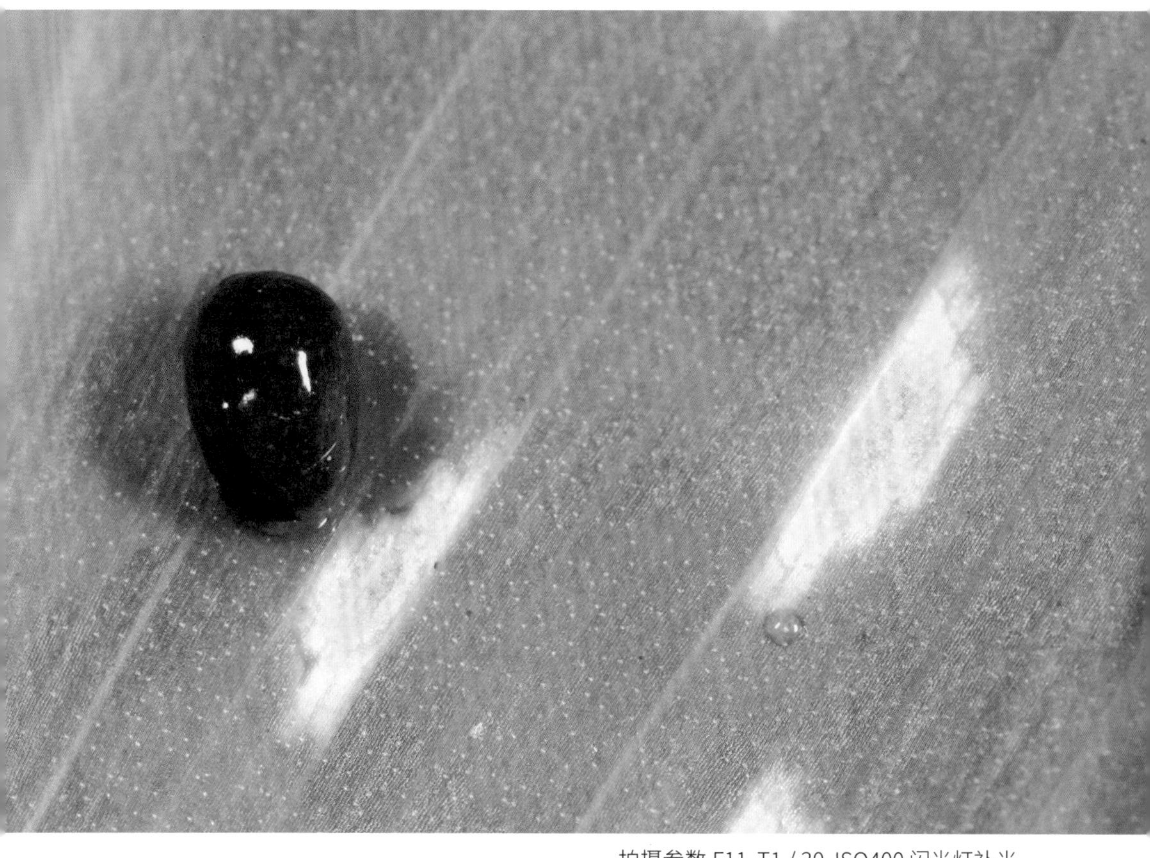

拍摄参数 F11 T1 / 30 ISO400 闪光灯补光

075

野姜花上的虫粪

日期： 2007 年 6 月 16 日
地点： 土城（新北市）

有一段时间我拍了很多各式各样的虫粪，昆虫的粪并没有臭味，不同的虫粪有不同的颜色和形状，甚至有些可以作为分辨昆虫种类的线索。有时候我会故意去碰触，而意外发现覆盖在粪便下的其实是一种幼虫，像黄色凹缘跳甲和负泥虫的幼虫就会排粪裹身，把自己藏在粪堆下，这样天敌就不易发现其踪影。

有一天早上，我到山区拍照，发现野姜花上有一坨粪便，椭圆形，外表油质，我用树枝

去碰触，它竟然动起来往前爬，原来是一只幼虫。我无法知道它是哪种幼虫，只见它没有安全感地四处逃窜，背上的粪掉落分成两团，这时一只蚂蚁爬过来，它似乎知道里面有虫。不久，这只裹粪的昆虫露出透明体色，它在往前爬行不远后，突然转身把掉下来的粪都吃进了肚子里，这时身体一下子都变黑了，它才安心地停顿下来，从外观看起来又像是一坨虫粪了。

这种幼虫有点像叶甲，但我无法确定，只知它是极少数能背粪又能吃粪，模仿虫粪保命的昆虫。来年，在附近山区又发现了这种会覆粪的虫，我确定它和野姜花叶上所见的是同一种。

1 2 5
3 4

1. 用树枝碰触竟一分为二。**2.** 蚂蚁发现，前面那一坨里有虫子在动。**3.** 这只小虫很没有安全感地拼命往前爬，不久，好像又想到了什么，便回头将掉下来的虫粪全都吃进肚子里。**4.** 虫粪吃光了，身体又变回黑色。**5.** 来年，我在附近山区又看到会覆粪的昆虫。

主题延伸

一坨大便挂在叶尖，它真的很像虫粪。我拿在手上感觉硬硬的，表面粗糙，原来是菱角蛛。模仿虫粪的地方是腹背，正面可见头、胸部，腹部两边较尖看起来像菱角，故称“菱角蛛”。

拍摄地点 / 土城（新北市）

拍摄参数 F16 T1 / 100 ISO400 闪光灯补光

076

甘薯蜡龟甲背上的蜕

鞘翅目 | 铁甲科

甘薯蜡龟甲 *Laccoptera nepalensis*

日期： 2004 年 4 月 11 日
地点： 土城（新北市）

甘薯蜡龟甲分类于叶甲总科，铁甲科，龟甲亚科，外观呈椭圆形，头部缩到前胸背板下，酷似乌龟。大多数的龟甲都有专一的寄主植物，甘薯蜡龟甲以旋花科的牵牛花叶片为寄主，翅鞘黄褐色，左右有成对的黑斑。比较有趣的是幼虫行为，幼虫共有 5 龄，每次脱下来的皮都会留在腹端，并习惯性地将粪便堆积在上面，到了终龄这个蜕就像是一把扇子。

有一年，我在屏东拍到幼虫利用蜕吓阻天

敌的连续动作。当我靠近拍摄时，它立刻将背上的蜕掀开然后再盖上，全程大约3分钟。甘薯蜡龟甲将乌黑的蜕覆盖在背上，由上往下俯视看不出它是一只虫，蜕可说是它的“伪障”，但当发现天敌时“伪障”会掀开，岂不是让天敌看到庐山真面目了吗？原来掀开盖子是吓阻天敌的一种动作，当它高举“伪障”时可看到最上方是1龄，最下方是4龄所留下来的蜕。

甘薯蜡龟甲，成虫翅鞘有成对的黑斑。赛嘉（屏东）

主题延伸

甘薯蜡龟甲寄主甘薯叶片，幼虫身体呈绿色，体侧密生刺毛，腹端黏附了1～4龄所留下来的蜕，仔细观察可清楚地分辨出，最上方较小，最下方较大。

拍摄地点/竹子湖（台北）

1 2
3 4
5 6

1. 当幼虫发现天敌靠近， 会将“伪障”掀开以吓唬天敌。赛嘉（屏东）**2.** 从另一个角度来看，蜕被高高举起，像不像是一把扇子呢？赛嘉（屏东）**3.** 约 3 分钟后危机解除， 这个“伪障”会盖起来。赛嘉（屏东）**4.** 从侧面可以观察到它缓慢地将“伪帐”盖起来。赛嘉（屏东）**5.** 当“伪障”完全盖住它的身体时，就不再移动。赛嘉（屏东）**6.** 甘薯蜡龟甲的幼虫栖息在叶片上，从上方看不出它是一只昆虫。天祥（花莲）

拍摄参数 F16 T1 / 125 ISO400 闪光灯光源

077

会摇摆的大蚊

双翅目 | 大蚊科

全大蚊 *Trentepohlia* sp.

日期： 2005 年 11 月 6 日
地点： 乌来（新北市）

大蚊的外形很像蚊子，但它不会叮人，一般来说体形较大。蚊子是蚊科，大蚊是大蚊科，在分类上两者并没有亲密的关联。区分这两类蚊可从胸背板来观察，大蚊科胸背板有一个突起的“V”形缝，蚊子胸背板愈合，蚊子的幼虫叫孑孓，为水栖昆虫；大蚊幼虫可水栖或陆栖，成虫不会飞到家里。有些大蚊群聚栖息在溪边的岩石隙缝里，其他多半喜欢阴暗的林下，以前脚吊挂在半空中。

我在乌来的某棵树干上发现了一只大蚊不停地摇摆身体，想拍它却不容易对焦，只好约略计算焦距按下快门，最后成果还不错，有几张对到焦。我将照片画面做成连续动画，大蚊就在计算机屏幕上不停地摇摆。

在拍摄过程中，我发现越靠近它，它摇摆的速度就会越快，稍微离远一点，它的摇摆速度就放慢了许多。原来大蚊摇摆是为了让天敌找不到目标啄食，就像拍照无法对焦一样。会摇摆的大蚊有很多种，由于它们的脚很长，所以摇摆的动作明显，我不禁好奇，大蚊长时间摇摆会不会累呢？

越靠近它拍照，它的摇摆速度就会越快。五尖山（新北市）

主题延伸

蛾蠓，属双翅目蛾蠓科，喜欢栖息在叶子上并不断地转圈圈。与大蚊摇摆身体一样，这是一种避敌行为，目的是让天敌找不到目标，但求偶时转圈圈则变成一种“舞蹈”。

拍摄地点/瑞芳（新北市）

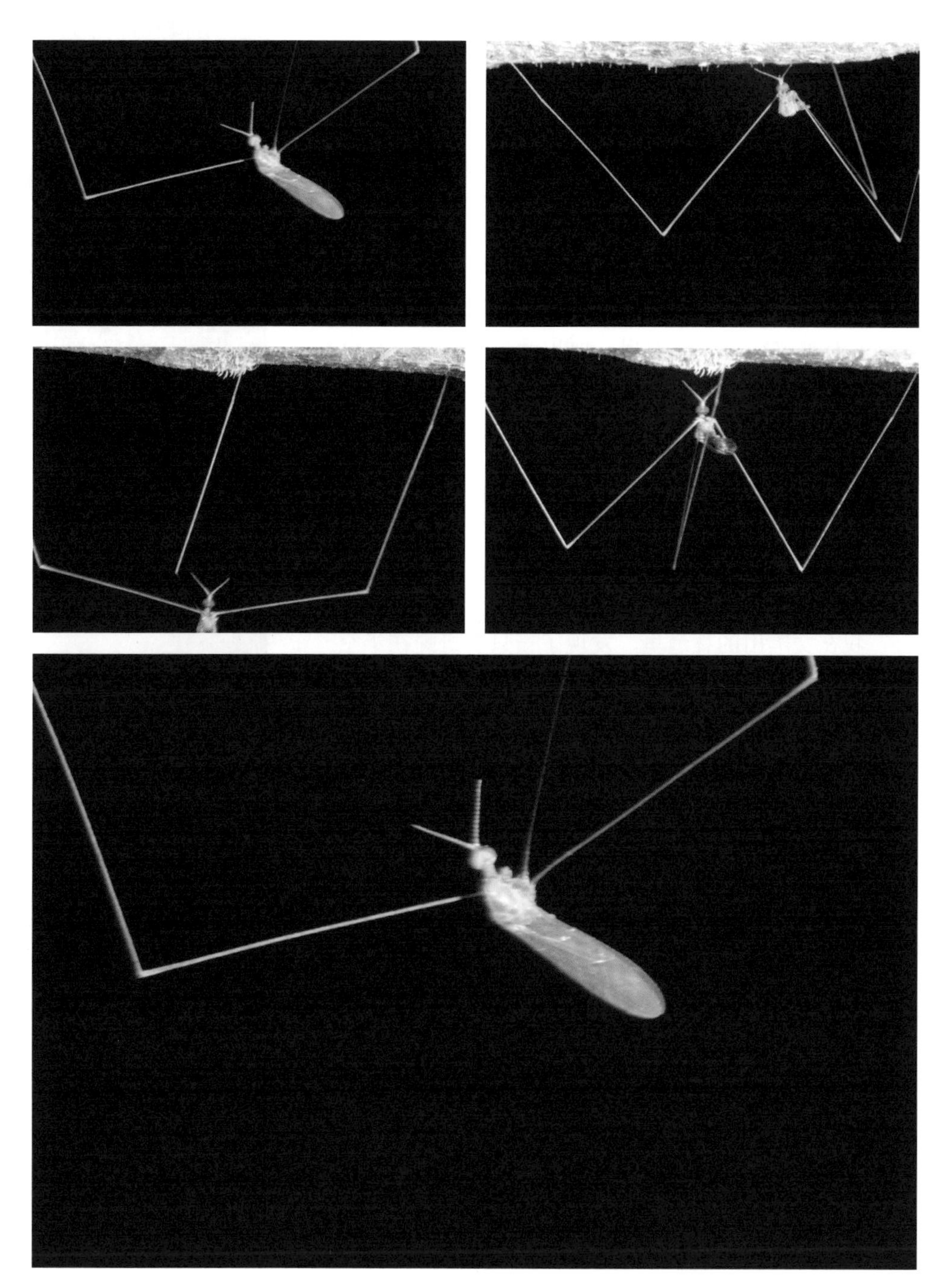

1 2
3 4
5

1. 约略估算焦距便不断按下快门。**2.** 离远一点它摇摆的速度就变慢了。**3.** 原来大蚊摇摆是为了让天敌找不到目标啄食。**4.** 要拍全大蚊摇摆身体需要很有耐心，动作太快它也会飞离。**5.** 它们栖息在阴暗隐秘的角落，即使飞走后也会再飞回来，继续摇摆身体。

078

食蚜蝇飞翔之舞

双翅目 | 食蚜蝇科

前蚜蝇 *Episyrphus* sp.

食蚜蝇是一种以捕食蚜虫而命名的双翅目昆虫，然而只有部分幼虫会吃蚜虫，成虫并不吃蚜虫，只以花蜜为食。有些食蚜蝇在吸食花蜜之前擅于空中定格飞行，这种行为对喜好摄影的人来说是表现技巧的最好机会，因此很多摄影同行都体验过拍摄食蚜蝇定格飞行的经历。

我在文笔山的林道里，发现了一只食蚜蝇在半空中飞行，但它并不是为了吸食花蜜而停驻于半空中，感觉像是在巡视它的领地。在同一个地方左右飞翔，有时它会冲到我的眼前再突然飞离，看来我是闯入领地者，因而它显得有点焦急，不时向我冲撞。

这种食蚜蝇体形很小，我一逮到机会，便赶紧拿出 180 毫米的微距镜拍下它飞行的舞蹈。熟悉它飞行

日期：2010 年 6 月 21 日
地点：土城（新北市）

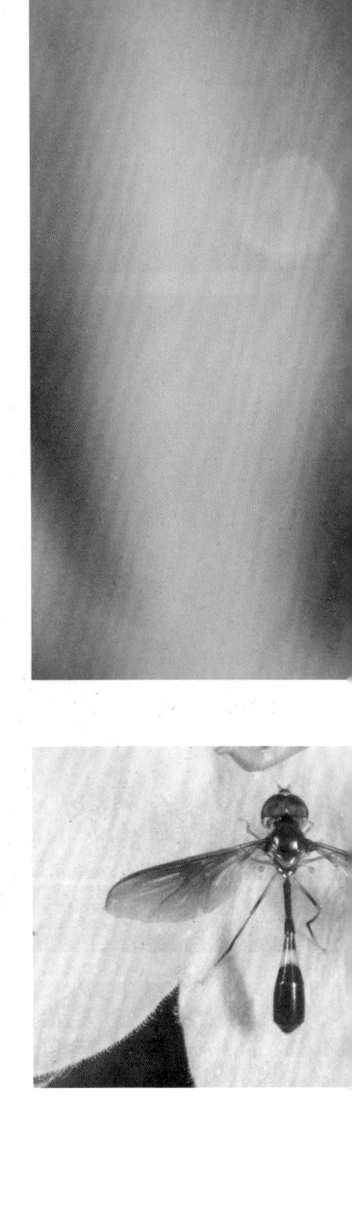

1 2 3 | **1.** 食蚜蝇腹部有一道黄色横纹。帕米尔公园（台北）**2.** 它不是为了吸食花蜜而停驻于半空中，感觉像是在巡视它的领地。**3.** 在同一地方左右飞翔，有时它会冲到我眼前，再突然飞离。

拍摄参数 F8 T1 / 200 ISO800 闪光灯补光

的路径便更容易掌握快门的瞬间，我设定好拍照模式，检视画面背景气氛不错，便集中对焦和快门，直到拍摄了数十张后，我的手酸了，食蚜蝇也飞累了，才各自离开。这一组照片效果不错，有别于其他食蚜蝇采蜜的画面。

我用 180 毫米镜头设定手动对焦，熟悉环境后拍照变得比较容易，大多都能对准焦点。

它不采蜜，而是固守领地飞行，这种行为很特别。

主题延伸

青条花蜂也是摄影的题材之一，它在采蜜时也会定格飞行，然后在迅速奔向花朵的瞬间伸出长舌准备吸蜜。飞行时会发出高频声响，取食时间很短，但会在同一个地方多次取食，十分忙碌。

拍摄地点 / 瑞芳（新北市）

拍摄参数 F8 T1 / 125 ISO200 闪光灯补光

079

可爱的小红姬缘蝽

半翅目 | 姬缘蝽科

小红姬缘蝽 *Leptocoris augur*

日期： 2003 年 10 月 10 日
地点： 水上（嘉义）

小红姬缘蝽属于姬缘蝽科，本科只有 4 种，和另一种红肩美姬缘蝽都以倒地铃为寄主植物。在我家乡的庭院里有很多倒地铃，每年 8—12 月，可见植株结出一个个外形宛若铃铛的果实，这种小红姬缘蝽和倒地铃有着密不可分的关系，通常只要有倒地铃的地方就会有小红姬缘蝽的存在。成虫有两型，长翅和短翅，以前以为短翅是若虫，后来发现好几对短翅型的在交尾，才知晓是我误会了。

小红姬缘蝽以倒地铃的茎枝、果实汁液为食，但也见过少数会吸食死掉的同伴。以前过年回到乡下，它们是我摄影时的最佳模特，若虫吸食倒地铃果实的画面很可爱，只见它用细长的喙插入果实里，然后像马戏团的小丑般地在枝条上搬动，这种蒴果呈球形，外层很硬，它能刺穿果实然后吸食汁液，相当不简单。

另一种红肩美姬缘蝽，在我家庭院只出现过一次，身体黑色，复眼红色，前胸背板左右有红色纵纹，和小红姬缘蝽混栖，数量很少。

1 2 3 4 5

1. 倒地铃是无患子科中极少数的蔓性草本植物。**2.** 小红姬缘蝽的若虫吸食倒地铃果实，若虫具翅芽，但短翅型的成虫不一样。**3.** 小红姬缘蝽若虫用脚勾住果实，模样很可爱。**4.** 小红姬缘蝽的成虫有两型，短翅型前翅橙红色，没有膜质翅。**5.** 红肩美姬缘蝽也是本科的成员，身体黑色，复眼红色，前胸背板左右各有一条红色纵纹，以倒地铃植物为寄主，常见和小红姬缘蝽混栖，但数量稀少，为新入侵的外来种。

主题延伸

盘腹蚁嘴里叼着一粒大于身体好几倍重的黑色果实，蚂蚁的力气很大，猜测它应该是要搬回巢里，然而洞口是否容得下这粒果实呢？想必蚂蚁不会评估搬运物和洞口的大小关系，反正只要有食物它就会很开心地搬走吧！

拍摄地点/信贤步道（新北市）

080

喜爱清洁的昆虫

螳螂目 | 螳科

魏氏屏顶螳 *Phyllothelys werneri*

在魏氏屏顶螳的头顶上有一个突出的犄角，这种螳螂体形不大，但擅于飞行。有一年我在天祥的路灯底下发现一只魏氏屏顶螳，当我想要靠近它拍照时，它竟然腾空飞到路灯上方，以 360 度顺时针方向绕圈圈。绕了好几个大圈后，才又降落地面。我不死心再次企图靠近，这时发现它竟正在清洗触角，动作相当灵活。

触角是昆虫的重要器官，我拍过很多昆虫清洗身体的照片，大琉璃食虫虻取食后会清洗前足，确保下次能灵敏地猎食；虎甲用中足清洗翅背的模样也很可爱。

8 年前，我曾在一条林道附近的菜园里，趴在草地上偷窥一只冠蜂洗澡，只见冠蜂专注地用右后脚清

日期： 2010 年 7 月 8 日
地点： 五尖山（新北市）

1 2 3 | **1.** 魏氏屏顶螳头顶有一突起的犄角。二叭子（新北市）**2.** 大琉璃食虫虻正在清洗前足。明池（宜兰）**3.** 深山小虎甲用中足清洗翅背。观雾（新竹）

拍摄参数 F16 T1 / 60 ISO400 闪光灯光源

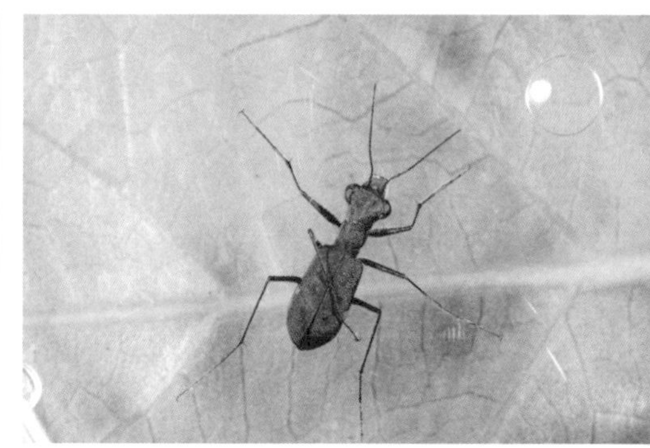

洗产卵管、左后足，接着清洗中足、前足及翅背，最后用前足清洗触角和复眼，它仔细地清理身体的每一个部位，时间长达 10 分钟之久，可以说是一只相当爱干净的昆虫。

1. 我趴在草地上偷窥一只冠蜂洗澡，冠蜂专注地用后足清洗产卵管。

2. 接着用后足清洗翅背。

主题延伸

夜晚在路灯下看到枯叶大刀螳捕食昆虫，这时它的眼睛转变为黑色，但并不表示视力不佳，即便路灯下也能灵敏地捕捉猎物，用餐后它会以口器清洗足和身体的每一个部位。

拍摄地点 / 烘炉地（新北市）

3. 然后用左边的中足清洗左后足。

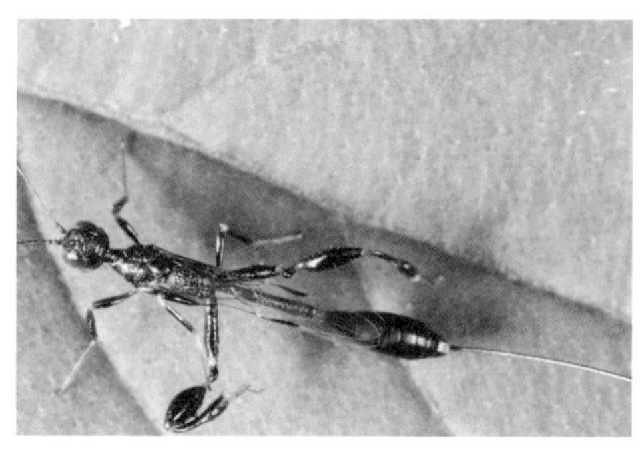

4. 再用右边的中足清洗右后足。

5. 前足清洗中足。

6. 前足清洗触角。

7. 最后清洗眼睛。

081

蚁舟蛾的保命技巧

鳞翅目 | 舟蛾科

蚁舟蛾 *Stauropus* sp.

不同种类的蚁舟蛾其寄主植物也不相同，譬如龙眼蚁舟蛾寄主龙眼树，锡金蚁舟蛾寄主锡兰橄榄树等。蚁舟蛾的头部小，尾部常上举，姿态十分特别，对于喜爱生态摄影的人来说，它可算是最佳的模特了！

一次我在苏花公路的血桐树上发现两只蚁舟蛾，它们把整片叶子啃出了一个大洞，当我举起相机准备拍照时，或许它是因闪光灯而受到惊吓，只见两只幼虫立刻倒地装死，装死的蚁舟蛾身上呈现石灰质的白色，很像鸟粪。再靠近一点拍摄，才更清楚地看到虫体并没有全身倒下，其尾部还是上举，并于端部有分叉状的尾突。等待了一会儿，幼虫开始起身爬行，这时我从侧面捕捉画面，发觉它的模样很像蚂蚁，然而再怎么模仿它终究还是一只假的蚂蚁啊！

日期： 2008 年 12 月 4 日
地点： 苏花公路（花莲）

1 2 3 | **1.** 这一大片洞洞是两只蚁舟蛾做的好事。**2.** 蚁舟蛾爬行的姿态很像蚂蚁。**3.** 装死的蚁舟蛾尾部翘得高高的，末端分叉，模仿蛇形吓唬天敌。

拍摄参数 F11 T1 / 125 ISO200 闪光灯补光

我把照片放到计算机上观察细节，发现蚁舟蛾爬行时头部有很多枝状的东西，原来这是它的前足向前伸出以模仿蚂蚁的大颚，较长的中足弯曲模仿蚂蚁触角，第三对足才搭配腹足用来爬行。蚁舟蛾具有多种行为，包括模仿鸟粪、装死、拟态蚂蚁、拟态蛇，不仅能欺骗天敌还具有恐吓天敌的效果，这些保命的伎俩相当有趣。

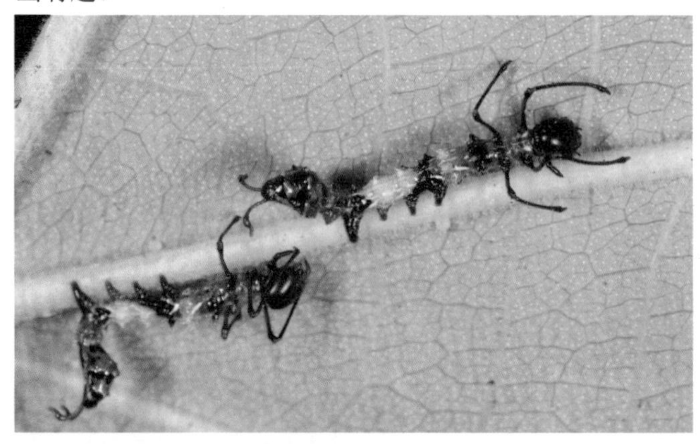

这两只蚁舟蛾爬到叶片上，习惯把尾部翘高拟态蛇的模样，背部也模仿鸟粪的颜色欺敌。

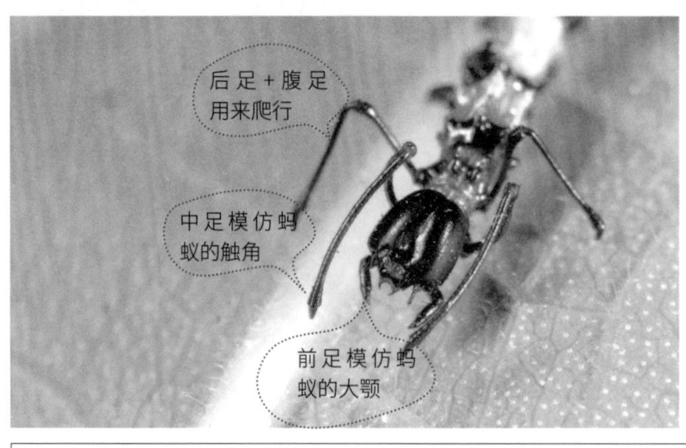

它的前足较短，用来模仿蚂蚁的大颚，较长的中足向前弯曲模仿蚂蚁触角，第三对足搭配腹足用来爬行。

主题延伸

蚂蚁是很多昆虫喜爱模仿的对象，这是因为它具有蚁酸和具攻击性的大颚，会令天敌心惊胆战而不敢轻举妄动。蚂蚁的特征是具有发达的大颚，触角长，甚长的第一节呈膝状，胸、腹之间的1～2节有“结节”衔接。

拍摄地点/中和（新北市）

后代的繁衍

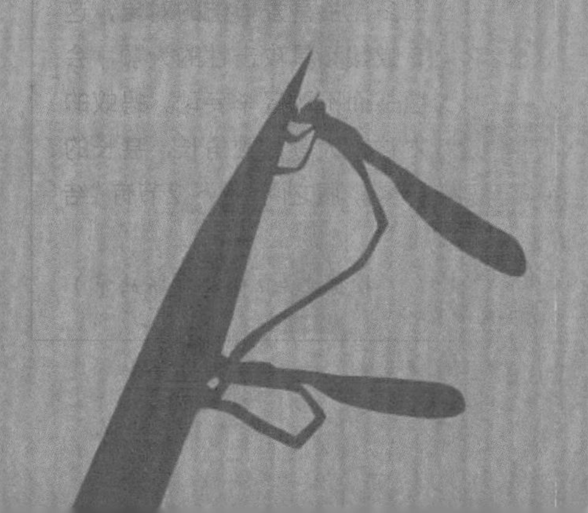

082

实蝇的浪漫结合

双翅目 | 实蝇科

长鞘宽头实蝇 *Dioxyna sororcula*

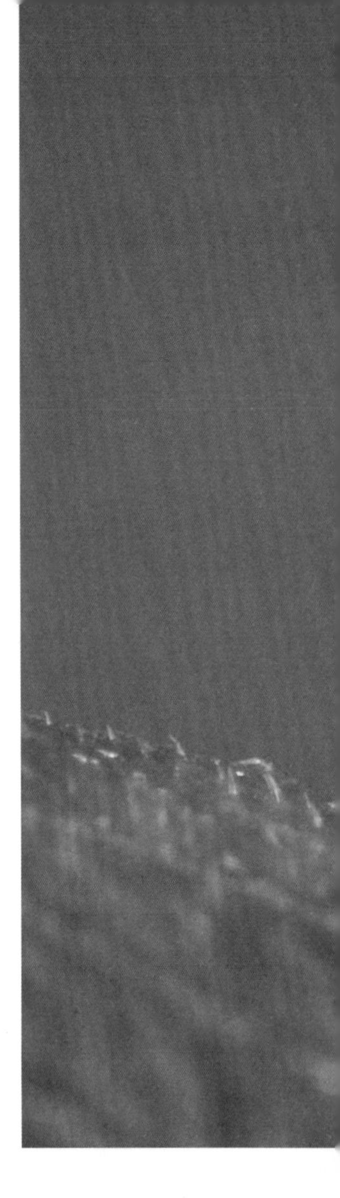

实蝇，双翅目，常见的物种有桔小实蝇，其幼虫以果实为寄主，但并不是所有的实蝇都和果实有关。在台湾地区，已知本科有159种，许多种类的翅膀透明具鲜艳漂亮的斑纹，因此欣赏实蝇也算是一种艺术。

有一种寄主于大花咸丰草的实蝇，中文名为长鞘宽头实蝇，体形很小，只有3.8～5毫米，不仔细观察还不容易发现。早年我就注意到这种昆虫，每次在大花咸丰草的花朵上都会见到它的踪迹，从平地到中海拔皆可见，后来才知道它是一种实蝇。

长鞘宽头实蝇的交尾行为相当特别，它是雄虫在上，雌虫在下，雌虫总是把外生殖器向上翘得高高的，从侧面拍交尾的姿态，将绿色背景衬托得更加唯美，

日期：2010年7月2日
地点：崁头山（台南）

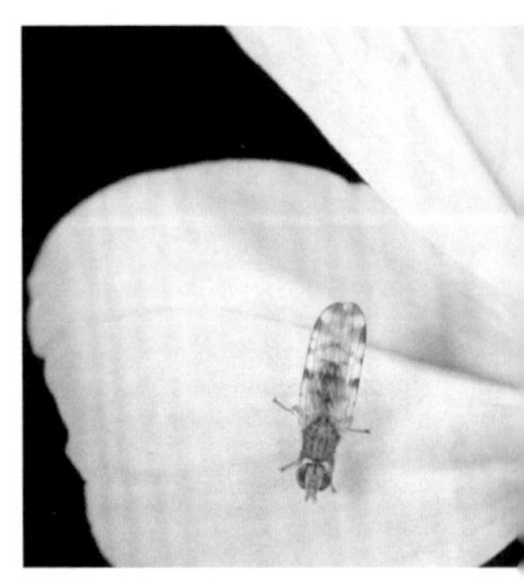

1 2 3 | **1.** 长鞘宽头实蝇喜欢大花咸丰草的花。山中湖（新北市）**2.** 雄虫在叶片上交尾的时间长达20分钟，充满喜悦的幸福感。四脚亭（新北市）**3.** 对一般昆虫来说，雌虫应该比雄虫大，但这张照片的雌虫比雄虫小。四脚亭（新北市）

拍摄参数 F16 T1 / 60 ISO100 闪光灯补光

成为我喜爱摄影的题材之一。其实，从微距镜观察生物所看到的感动，不亚于大型昆虫，实蝇体形虽小，但微距镜能拍到细节，“一沙一世界、一叶一如来”就是指微距摄影的视野。

有一次我在侯硐山区，从大花咸丰草花朵里拍到雌虫产卵的画面，原来它将卵产在花朵上，当卵孵化后，幼虫便以花朵为食，不久，这朵花就会枯萎。

1 2

1. 交尾后，雌虫背着雄虫到花朵上产卵。土城（新北市）**2.** 在侯硐山区，看到一只雌虫单独在花朵上产卵，卵孵化后，幼虫以花朵为食，被寄主后这朵花会枯萎。侯硐（新北市）

主题延伸

鼓翅蝇休息时翅膀会不停扇动，体形小，外表呈黑色具光泽，复眼大，胸、腹间具柄。交尾时雄虫在上，中、后足会举高腾空，这种夸张的姿势在其他昆虫中很少见。

拍摄地点/凉山（屏东）

拍摄参数 F8 T1 / 125 ISO400 闪光灯补光

083

姬蜂虻于空中交尾

双翅目 | 蜂虻科

姬蜂虻 *Systropus* sp.

日期： 2007 年 10 月 24 日
地点： 安坑（新北市）

姬蜂虻是双翅目昆虫，外形看起来很像蜂，具刺吸式口器，成虫喜爱访花，幼虫寄生性。双翅目的昆虫后翅特化为平衡棒，却擅于飞行，仅用一对翅膀更为灵活，是许多鞘翅目昆虫所望尘莫及的。

姬蜂虻擅于定点飞行，当它选定要吸蜜的花朵时，会于前方定格飞行片刻，再飞向花朵吸蜜，有时足部不着花瓣而是腾空吸蜜，姿态似蜂鸟。我曾在某个生态园区看过姬蜂虻飞舞，

有几对就在空中交尾，当雌虫要吸蜜时，雄虫被拉着往花朵方向飞。它们飞行的技术堪称一流，我喜欢挑战这种动态摄影，即使对焦或构图失败的概率很高，但当拍到主体后心中的感受是令人振奋的。

就在观察它们交尾的画面时，突然有另外一只姬蜂虻飞过来抢婚，试图赶走原本那只雄虫强取交配权，但最后都没有成功。我被这些姬蜂虻飞来飞去的身影搞得头昏眼花，正想要休息一会儿再来继续拍摄时，忽然发现刚刚那一对进行交尾的姬蜂虻不见了，这时呈现在眼前的画面是一只豹纹猫蛛捕获姬蜂虻后将麻醉液注射进其体内，身体瘫软的姬蜂虻成为俎上肉，只能任其宰割。看到这一幕，内心有感生死一瞬间，世间果真无常。

1 2 3 4 5

1. 姬蜂虻具刺吸式口器，喜爱访花。泰平（新北市）**2.** 从形态上看得出较大的是雌虫，较小的是雄虫，雌虫忙着吸蜜。**3.** 吸完蜜后换雄虫拉着雌虫往另一朵花吸蜜，这是一对令人称羡的夫妻档。**4.** 突然一只姬蜂虻飞过来抢婚，一下子在雌虫这一端，一下子在雄虫这一边，试图赶走雄虫强取交配权，但最后都没有成功。**5.** 我被这些飞来飞去的姬蜂虻搞得头昏眼花，休息片刻再来观察。啊！怎么变成这样？姬蜂虻成为豹纹猫蛛的猎物。

主题延伸

一对大斑芫菁在树枝上交尾，另一只雄虫欲行抢婚。大斑芫菁成虫喜欢访花，幼虫寄主蜂巢取食蜂蜜。这类芫菁遇到骚扰会分泌有毒的芫菁素，皮肤接触到芫菁素后会引起发炎溃烂。

拍摄地点 / 北埔（新竹）

084

舞虻送礼

双翅目 | 舞虻科

舞虻

舞虻，通常呈黑色至褐色，胸背板隆突，具刺吸式口器，雄虫有送礼交尾的行为。在昆虫界，会送礼交尾的昆虫不少，如食虫虻、沼蝇、蝎蛉、粪金龟等。

一次在二格山，一对舞虻从我眼前飞过，最后停在树枝上排成一串，我赶紧拿起相机记录。回到家中将照片放大来看，没想到是 3 只舞虻。因为觉得画面中的舞虻行为特殊，因此请教昆虫专家，后来才得知，原来这是“舞虻送礼”的行为。

画面中最上方位置的是雄虫，它正与中间的雌虫交尾。交尾前雄虫会先捕获猎物送给雌虫当礼物，然后再趁雌虫取食时与它交尾，这样一来，雌虫在获取营养后，交尾完便可顺利产卵了。

日期： 2006 年 3 月 31 日
地点： 二格（新北市）

1 2 3 | **1.** 舞虻的后足发达，擅于捕捉猎物。信贤（新北市）**2.** 一对舞虻在枝叶间交尾，雌虫取食雄虫所送的礼物。观雾（新竹）**3.** 腹部膨大的雌虫即将产卵，正需补充大量营养，而雄虫送来的礼物适时提供所需。观雾（新竹）

拍摄参数 F8 T1 / 125 ISO400 闪光灯光源

有了这一次经验，以后在野外进行自然观察时再看到这种行为的机会就多了。最有趣的是，有次在阿里山拍到一对舞虻正在叶面上交尾，当时雌虫正取食雄虫所送的礼物，但奇特的是它们竟然半躺着，我以为它们都死了，便用手轻触，没想到就飞走了。

检视许多照片后，我发现雄虫送礼时都是捕食同科的小舞虻，但小舞虻也会送礼啊！那么小舞虻雄虫要到哪里去找更小的舞虻给“女朋友”当礼物呢？

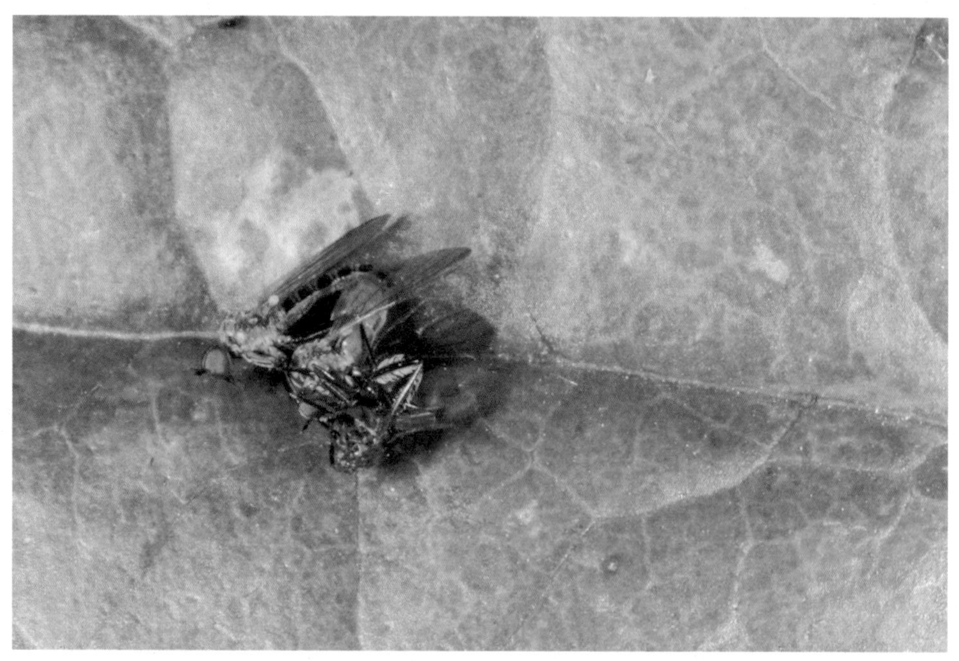

一对舞虻以半躺的姿态进行交尾，雌虫还在取食雄虫送的礼物，这种画面很少见。溪头（南投）

主题延伸

雄舞虻以右边的前足攀挂在叶片上，其负荷的质量除了雌虫外还有猎物。昆虫的脚爪密布刺毛，能附着于任何物体而不会掉落。当然有能力交配的雄虫，体型都比较强壮，这也是优生学的自然法则。

拍摄地点／观雾（新竹）

拍摄参数 F8 T1 / 125 ISO400 自然光源

085

找错对象的昆虫

鞘翅目 | 瓢虫科

龟纹瓢虫 *Propylea japonoca*

日期： 2003 年 5 月 14 日
地点： 瑞芳（新北市）

传宗接代是所有昆虫的使命，许多成虫为了寻找对象，“忙”得没时间觅食，有些雄虫交尾后立刻死亡，但为了延续生命，死亡对它们来说不算什么，而且是值得的。

一般来说，雄虫是主动追求者，它们从激烈的竞争者中脱颖而出，获得雌虫青睐而交尾，大多数雄虫因找不到对象，落寞地死亡。同种交配才能获得正常的基因以延续下一代，但从野外观察到，也有不同种类的昆虫进行交尾。

一次在野外进行观察时，发现有只龟纹瓢虫正在追逐黄盘斑瓢虫，最后黄盘斑瓢虫跑不动了，娇小的龟纹瓢虫见机不可失，马上爬到黄盘斑瓢虫的背上，不过无法看清它们有没有交尾。不久之后，我又拍到六斑月瓢虫欲与黄盘斑瓢虫和七星瓢虫交尾，看来个体甚小的六斑月瓢虫精力旺盛，它们总是追逐体形较大的对象。

或许有人会问，不同种的昆虫交配后能生下后代吗？答案是不能。生物分类阶层为界、门、纲、目、科、属、种，每个物种都有它独特的基因数和基因排列，这是大自然的法则，因此物种才能拥有其独特的外貌和行为。

1 2 3 4 5

1. 同种不同斑纹的龟纹瓢虫交尾，能生产变异斑纹的个体。八掌溪（嘉义）**2.** 第一次在瑞芳山区发现一只龟纹瓢虫追逐体形大很多的赤星瓢虫，黄盘斑瓢虫气喘吁吁地从草端爬到地面，又从下往上爬，怎么也摆脱不掉对方的追求，对黄盘斑瓢虫来说真是一场梦魇啊！ **3.** 六斑月瓢虫欲与体形大很多的七星瓢虫交尾。水上（嘉义）**4.** 体形甚小的六斑月瓢虫精力旺盛，总是追逐体形较大的对象。水上（嘉义）**5.** 在太平山发现锦葵叶甲欲与蓝叶甲交尾，两种体形也差很多。太平山（宜兰）

主题延伸

白缘沟胫跳甲在杜虹花的叶片上交尾，从这些照片中不难看出昆虫为延续下一代的用心，或者是还有“爱”的因素呢。

拍摄地点/瑞芳（新北市）

086

美刺沼大蚊交尾

双翅目 | 沼大蚊科

美刺沼大蚊 *Limonia*（*Euglochina*）sp.

美刺沼大蚊是少数会挂在蜘蛛网上的昆虫，我首次在二格发现，当时在树林里有3只大蚊的前脚攀在蜘蛛网上，中、后脚腾空，整个身体随风摇曳。奇怪的是，大蚊停在蜘蛛网上难道不怕被蜘蛛吃掉吗？请教了昆虫专家后才知道，原来是因为大蚊身体太轻了，蜘蛛感受不到它的重量，所以不知道蜘蛛网上有食物。此外，我还拍过美刺沼大蚊在蜘蛛网上交尾的画面，它们简直把蜘蛛网当成秋千，享受摇荡般的舞蹈，看起来很幸福。

由于蜘蛛是靠结网捕食，当猎物不小心被困在蜘蛛网上时会不断挣扎，蜘蛛就会通过网上传来的振动准确得知猎物所在位置，不用嗅觉就能猎取食物。记得一次我在八仙山某栋建筑物的楼梯间，发现蜘蛛网上有密密麻麻的黑点，本以为是刚孵化的若蛛，仔细

日期： 2008年3月1日
地点： 土城（新北市）

1 2 3 | **1.** 有3只美刺沼大蚊挂在蜘蛛网上。二格（新北市）**2.** 美刺沼大蚊在蜘蛛网上交尾，随风摇荡。**3.** 蓝紫色的翅膀，纤细的长脚，仿佛是在空中跳着曼妙舞姿的舞者。

拍摄参数 F11 T1 / 200 ISO400 闪光灯光源

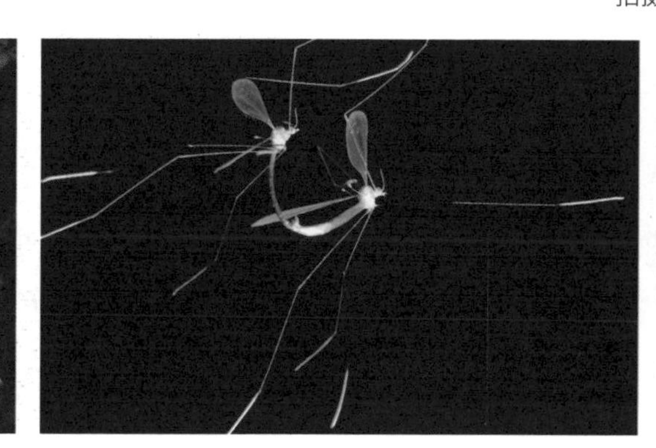

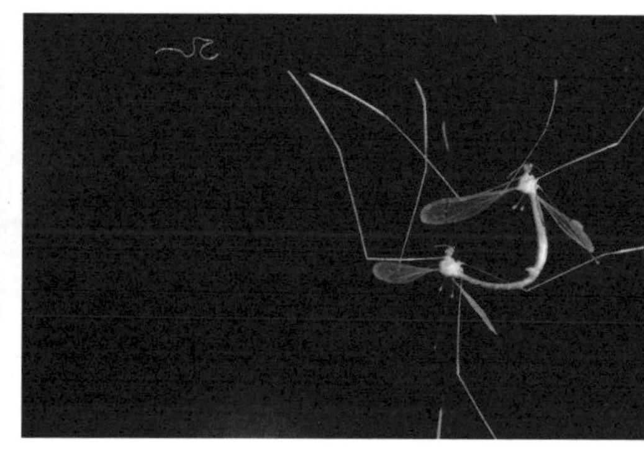

一看竟然不是。原来瘿蚊也喜欢挂在蜘蛛网上，看着数千只瘿蚊吊挂着的画面，实在是好热闹啊！它们几乎把整个蜘蛛网占满了，我不禁好奇蜘蛛怎么会不抗议，家都快被外来者给占据，那它还能捕猎食物吗？或者蜘蛛与寄栖者存在着某种共生关系呢？

昆虫着实有很多行为及模式是人类所无法理解的，唯有通过不断的观察及研究，才能更加了解它们。

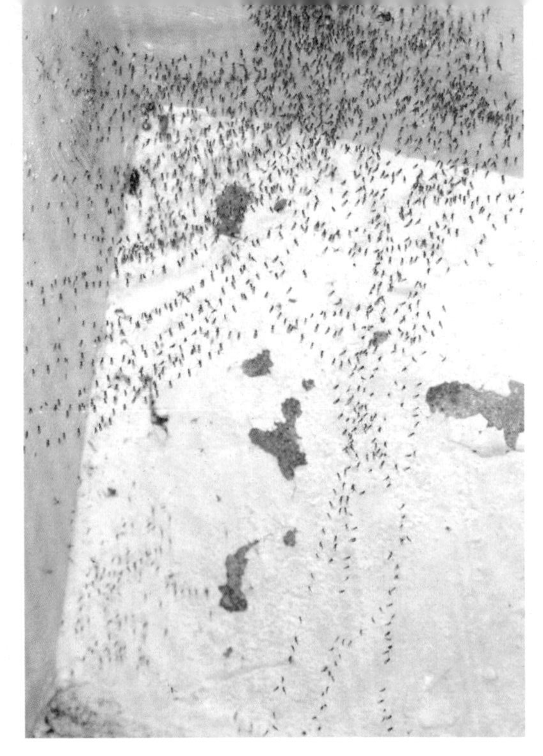

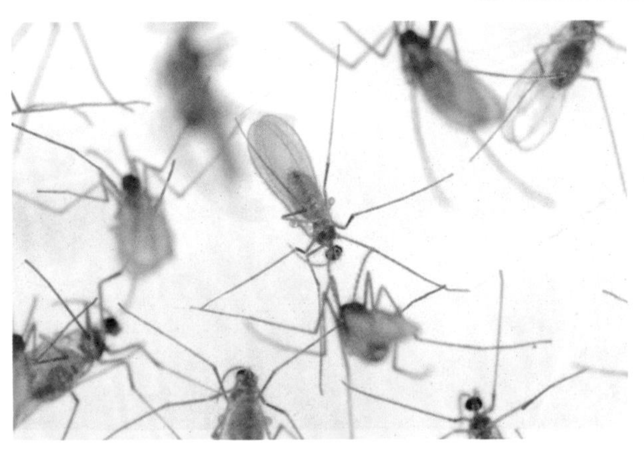

1. 密密麻麻的瘿蚊群聚在蜘蛛网上，它们是用前脚吊挂着。八仙山（台中）**2.** 瘿蚊，幼虫寄生于特定的植物，是一种能造“瘿”的小昆虫，成虫体长仅3～5毫米，腹部褐色，翅膀透明。八仙山（台中）

主题延伸

身体瘦小的长大蚊用前脚挂在蜘蛛丝上，其中，后脚和身体缩成线形，看起来就像是“吊死鬼”。由于这是在一棵大树下拍摄的画面，长大蚊停栖的姿态仿佛枯枝般。

拍摄地点/桶后（新北市）

拍摄参数 F8 T1 / 60 ISO400 闪光灯补光

087

缅甸蓝跳甲交尾

鞘翅目 | 叶甲科

缅甸蓝跳甲 *Altica birmanensis*

日期： 2005 年 2 月 24 日
地点： 藤枝（屏东）

缅甸蓝跳甲又称“蓝金跳甲”，其身体蓝色具光泽，近似种不少，但可从它专属的寄主植物火炭母草辨识。蓝跳甲产卵覆粪的行为很特别，黄昏时的集体“婚礼”场面也很有趣。

一次在观雾山庄前的火炭母草上，发现有好多蓝跳甲互相交叠着，因此不容易见到它们的交尾情形，这也才引起了我对这种昆虫的好奇。在那个热闹的场面里，仔细观察后只找到一对正在交尾，大多数仅只是雄虫跨在雌虫背上，有点像一场游戏，或者说是一种占有行为，而有些找不到伴侣的雄虫，就跨到其他昆虫的身上，形成三叠，甚至四叠的画面。

其实这种画面在其他昆虫身上也会发现。我就曾拍到一对六斑月瓢虫正在交尾时，另一只雄虫又爬到它们的背上，过一阵子后或许它觉得无趣，便又爬了下来。有时看到这些小昆虫觉得很可爱，和人类相较，它们虽然卑微，但内心世界仿佛跟人类一样，有着喜、怒、哀、乐、占有、欲望与哀伤。

黄昏时刻，许多缅甸蓝跳甲在寄主植物上交尾、相叠，场面相当热闹。七星山（台北）

主题延伸

甘薯田里发现好多甘薯蚁象，其中有一对正在交尾，这时其下方突然钻入另一只雄虫，有趣的是它还顶起正在交尾的两只蚁象。

拍摄地点/八掌溪（嘉义）

1 2 3

1. 有些找不到伴侣的雄虫就跨到别人身上形成三叠，看到它们既热情又焦急的模样实在很可爱。七星山（台北）**2.** 在玉米田里发现六斑月瓢虫交尾，另一只雄虫又爬到它们的背上。水上（嘉义）**3.** 没多久后或许觉得无趣便爬了下来，看它的表情似乎有点哀伤。水上（嘉义）

088

绒蚁蜂交尾

膜翅目 | 蚁蜂科

绒蚁蜂 *Radoszkowskius oculata*

绒蚁蜂，雌虫体长约 10 毫米，雄虫约 17 毫米。雌虫无翅，胸部橙红色，腹部黑色，有两枚白色圆斑，全身长满绒毛，擅于地面爬行，形态似蚁，故有“绒蚁蜂”之称；雄虫有翅，胸部黑色，腹部红棕色，1～2 节窄但无柄，末端黑色。

雌虫常见，交尾时雄虫会飞到地面咬住雌虫的颈部，用三对足抱住雌虫，然后飞到隐秘的枝叶间交尾。交尾后雌虫会到地面寻找蜂巢产卵，卵孵化后幼虫以外寄生方式取食巢里的卵和幼虫，少数种类寄生于蚂蚁、鞘翅目和双翅目昆虫。

第一次在宜兰的梅花湖观察到绒蚁蜂，发现它习性敏感，遇到惊扰就会在枯叶里慌张逃窜，一般见到的绒蚁蜂都是独行，为非群居社会性昆虫。有次到新

日期：2005 年 9 月 9 日
地点：小南坑（新竹）

1 2 3 | **1.** 雄绒蚁蜂交尾后，抱着雌蜂放到地面。**2.** 绒蚁蜂，属于针尾类，是一种会螫人的蜂。三峡（新北市）**3.** 雄虫通常有翅，极少数无翅，但都不容易看到，不同种类的绒蚁蜂斑纹也不一样。八掌溪（嘉义）

拍摄参数 F8 T1 / 250 ISO400 闪光灯补光

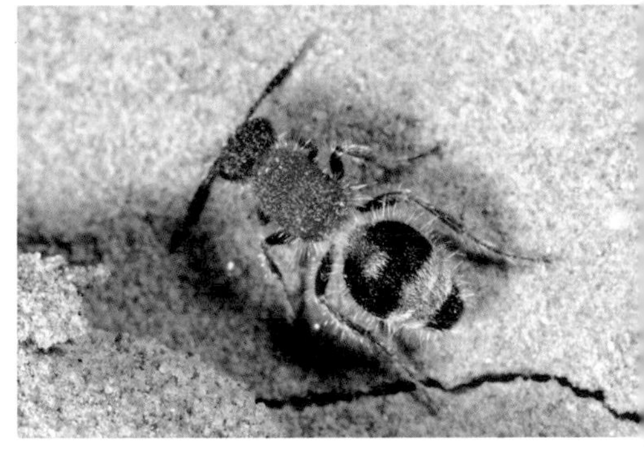

竹拜访友人，在他家附近的山坡上巧遇绒蚁蜂交尾。那次是我首次见到雄蜂，它有着细长的翅膀，体形很大。它们的交尾行为很特别，雄蜂咬住雌蜂的颈部挟在腹下，像带走猎物般地飞到树上再进行交尾，结束不久后又将雌蜂带回地面，然后飞离，留下孤独的雌蜂在地面寻找产卵的巢穴。

绒蚁蜂雌虫较常见，有时它会在地面，有时出现在枝叶间，习性敏感。梅花湖（宜兰）

发现一只黑色绒蚁蜂，其腹端具白色斑纹。三峡（新北市）

主题延伸

棉古毒蛾，雌、雄形态各异，雄虫头、胸及前翅黄褐色，前翅有暗色条纹；雌虫翅膀退化，不能飞行。雌虫羽化后会散发费洛蒙以吸引雄虫交尾，然后产卵于茧上。幼虫以多种植物为寄主，繁殖能力很强。

拍摄地点/山中湖（新北市）

拍摄参数 F16 T1 / 60 ISO200 闪光灯光源 | 清境（南投）

089

昆虫的求婚仪式

鳞翅目 | 粉蝶科

端红粉蝶

Hebomoia glaucippe formosana

日期： 2005 年 4 月 14 日
地点： 安坑（新北市）

觅食和交尾是昆虫一生中的两件大事。昆虫交尾大多是雄虫追逐雌虫，交尾前常有求偶动作。求偶的形式多种，像螽斯和蝗虫以声音传情；蝉则是雄蝉间以鸣声较劲，希望得到雌蝉青睐；萤火虫则是雄虫在黑夜里以光点吸引雌虫。在野外很容易观察到昆虫求偶的多种形式，有两情相悦，也有以暴力相向的，只要放慢脚步，用心去感受，就能发现大自然里的昆虫是多么有趣。

有次我拍到一只雄的端红粉蝶飞向雌蝶，雌蝶立刻翘高尾部表示拒绝，雄蝶看到后很有风度地离开了，这种行为在菜粉蝶中也很常见。也有完全相反的例子，我曾看到过一只雄性苎麻珍蝶突然飞向雌蝶，以几近暴力的动作强行交尾，相对于蓝凤蝶的求偶之舞，显然人家就比较懂得温柔浪漫了。

除此之外，我也曾在姑婆芋叶上拍到蛾蠓跳求偶之舞，然后交尾；豆芫菁交尾前会以触角摩擦雌虫示爱；有些蛾类会以雌虫所散发的性激素吸引雄蛾交尾。昆虫的生命虽然短暂，但当你静下来用全新的视野观察，大自然会带给你许多惊奇和赞叹！

雌端红粉蝶的尾部翘高，表示拒绝雄蝶求偶。

主题延伸

多数蛾类以雌蛾所分泌的性激素吸引雄蛾，这种气味能让两千米外的雄虫通过触角嗅觉，在黑夜的森林里找到雌蛾交尾。

拍摄地点/知本（台东）

1 2
3 4
5

1. 台湾菜粉蝶雌蝶拒绝雄蝶的求偶。**2.** 蓝凤蝶在跳完求偶之舞后，需雌蝶同意才会双双降落到枝叶间交尾。梦谷（南投）**3.** 发现一只雄性苎麻珍蝶突然飞向雌蝶，以强迫的动作交尾，受到惊吓的雌蝶一时间不知所措。下巴陵（桃园）**4.** 某种蛾蠓在姑婆芋叶上转圈圈舞蹈，再行交尾。马美（新竹）**5.** 豆芫菁是有毒昆虫，雄虫交尾前会以触角缠绕、摩擦向雌虫示爱。三芝（新北市）

090

长尾黄蟌集体产卵

蜻蜓目 | 蟌科

长尾黄蟌 *Ceriagrion fallax fallax*

“蜻蜓点水”是在形容蜻蜓产卵的行为，但并不是所有的蜻蜓都采用这种方式产卵。蜻蜓产卵的形式相当多，如长尾黄蟌产卵于水草的茎枝上、三斑阳鼻蟌产卵于水底的枯枝败叶、东亚伟蜓将卵藏在浮叶下、巨圆臀大蜓则是以插秧的方式产卵等，它们各有其独特的方式。

而红褐多棘蜓会将卵产于池边的土里，褐斑异痣蟌则将卵产于水边的树枝或芒草的茎叶上，但卵孵化后稚虫有能力爬到水里吗？我感到疑惑！后来猜想，卵孵化的时机应该会选择下雨的天气，刚孵化的稚虫可以顺着雨水流入水中。

一次在四崁水的一块水田里，发现好多长尾黄蟌的踪影，有的正在交尾，有的已经在产卵了。雄虫护

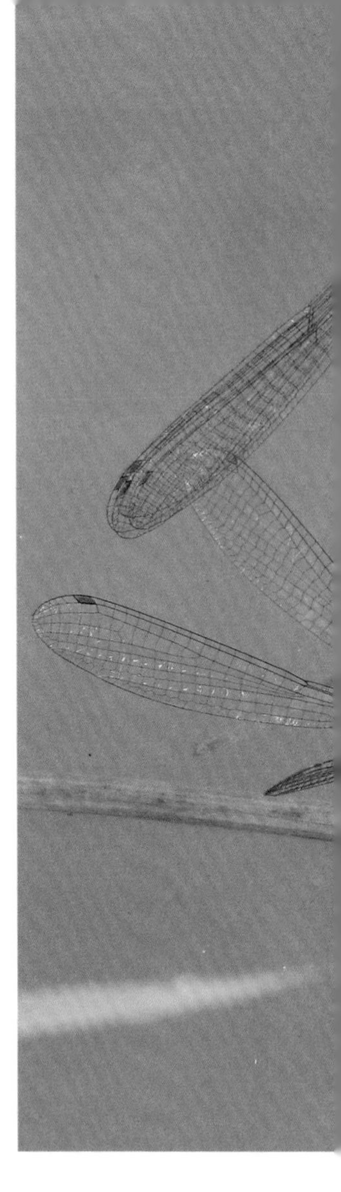

日期： 2005 年 4 月 21 日
地点： 四崁水（新北市）

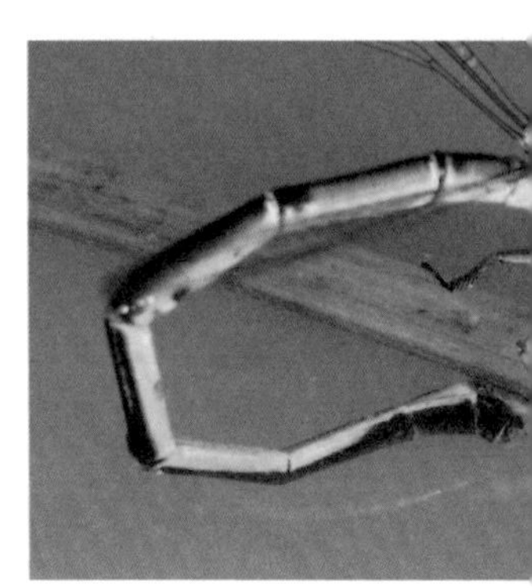

1 2 3 | **1.** 长尾黄蟌，雌虫将卵藏在水生植物的茎枝里。**2.** 赤褐灰蜻以“蜻蜓点水”的方式产卵于水中。帕米尔（台北）**3.** 褐斑异痣蟌产卵于水边的叶肉里，卵孵化，稚虫会随着雨水流入池塘里。明池（宜兰）

拍摄参数 F8 T1 / 60 ISO200 闪光灯补光

卫雌虫产卵，雌虫细心地将卵藏在水生植物的茎枝里，此时此刻这个水田好热闹呀！仿佛是长尾黄蟌的“产房”一样。

台湾溪蟌的产卵方式也很特别，雌虫不畏水流湍急，会潜入水中将卵产在水底的岩石细缝里，时间可长达 5 ～ 20 分钟，而雄虫则在岸边护卫。

红褐多棘蜓产卵于土中，产卵的时间并不像“蜻蜓点水”那么匆忙，不过卵孵化后，稚虫要有能力爬到水中，所以孵化的时间可能会选在下雨的天气。帕米尔（台北）

台湾溪蟌产卵于湍急的溪底，产卵时雄虫会在岸边护卫。阳明山（台北）

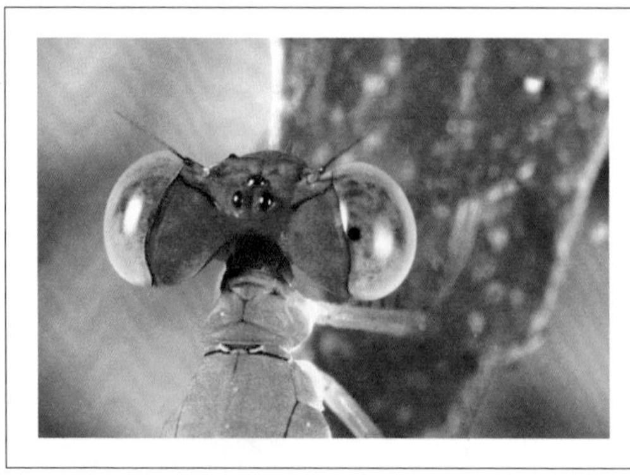

主题延伸

蜻蜓目主要分为两大类，即蜻蜓和豆娘。蜻蜓为差翅亚目，两复眼的距离紧密，停栖时翅膀张开，不能合并；豆娘为束翅亚目，翅膀前后大小、翅脉相似，两复眼分离，停栖时翅膀可以张开、合并。

拍摄地点/天上山（新北市）

拍摄参数 F11 T1 / 100 ISO400 闪光灯光源

091

蚂蚁争夺与交尾

膜翅目 | 蚁科

拟毛蚁 *Pseudolasius* sp.

日期：2008 年 4 月 8 日

地点：天祥（花莲）

蚂蚁、白蚁、摇蚊在繁殖季节都会婚飞，但蚂蚁婚飞的画面不容易看到。婚飞是指昆虫为了交配，出巢群集在空中飞舞，雄虫取得交配权后便降落至地面交尾。

有次在天祥的某个路灯下发现许多有翅的蚂蚁挤成一团，其中有一只体形特别大，那是雌蚁，其余体形很小的都是雄蚁。体长还不到雌蚁一半的雄蚁企图和雌蚁交尾，便追逐着雌蚁并爬到它背上，但实在是很不容易啊！因为

其他的雄蚁也想与雌蚁交尾，要是没有点能耐，一下子就会被其他雄蚁赶下来，而雌蚁禁不住这么多只雄蚁的骚扰，就会拼命地向前逃。看到这般情景让我十分感慨，这些雄蚁都是为了传宗接代的使命而不惜一切代价，拼了命也要和雌虫交尾，虽然获得交配权的机会很小，交尾后就会死亡，但为了延续命脉的使命，也只好孤注一掷，而交配后的雌虫则孤独地寻找巢穴，建立一个新的蚂蚁王国。

我曾在草岭山的路边，发现一种悬钩子植物的叶背有好多蚂蚁的尸体，这些蚂蚁非常小，都是有翅膀的雄蚁，我猜测它们应该是在一个婚飞追逐的场面下，全部掉进悬钩子叶片上死亡的吧！

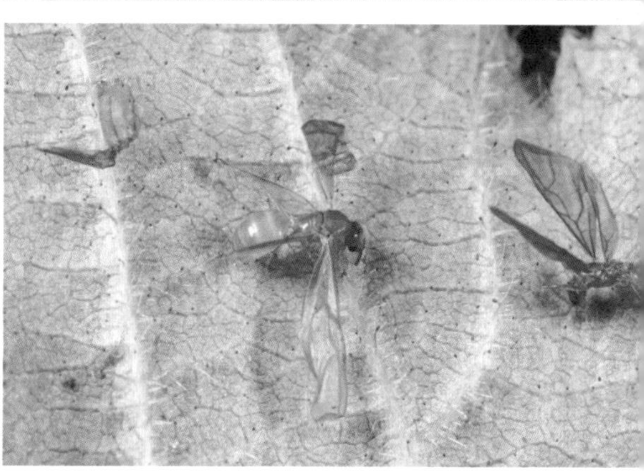

1 2 3 4 5

1. 拟毛蚁，雄蚁体形很小，不到雌蚁的一半，婚飞后降落地面，开始一场交配权的争夺战。**2.** 雌蚁被众多雄蚁追逐，禁不住骚扰，拼命地向前逃命。**3.** 幸运的雄蚁爬到雌蚁背上，但来不及交尾就被其他雄蚁赶了下来。**4.** 最后一定有一只真正幸运的雄蚁得到交配权，不过交尾后它就会死亡。**5.** 许多雄蚁在婚飞后全部掉进悬钩子叶片上死亡。草岭山（云林）

主题延伸

在一种悬钩子植物的叶背上发现好多蚂蚁尸体。蚂蚁婚飞后，雌蚁就离开现场，到一个隐秘的地方另筑新巢，但可怜的雄蚁多数得不到交配机会，却全都死在悬钩子所密布的腺毛上。

拍摄地点 / 草岭山（云林）

092

蜻蜓交尾

蜻蜓目 | 蟌科

翠胸黄蟌 *Ceriagrion lauranticum ryukyuanum*

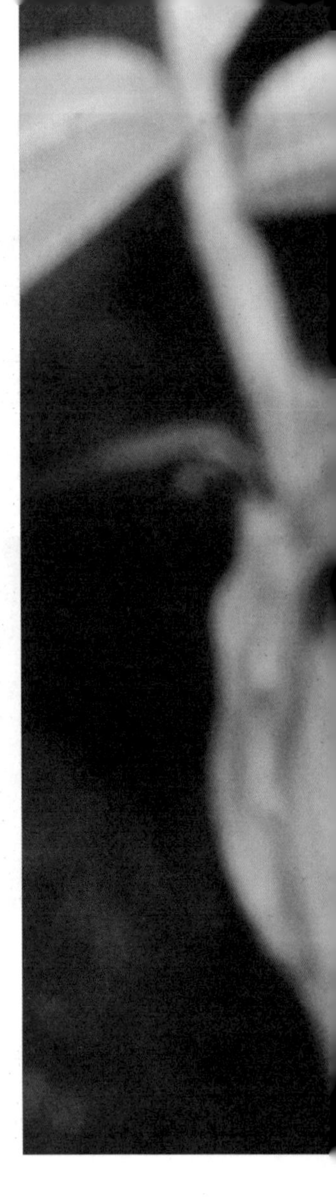

“交尾”是指雌、雄虫尾部对尾部相交，但蜻蜓却没有，问题出在上帝给它们创造出了一条细长的腹部，两条又细又长的腹部要相交确实有点困难，于是雄蜻蜓多出一个“副生殖器官”，位于腹部二节下方，又称“储精囊”。当雄虫欲与雌虫交尾前会先将腹端生殖孔的精苞存放于此，然后用它特有的尾铗——攫握器，挟住雌虫的颈部，雌虫将腹端弯曲接触雄虫的“储精囊”受精，而形成一个像“爱心”的特殊图形。

受精后不久，雌虫便可产卵了。产卵的环境依种类不同会有所不同，像差翅亚目的蜻蜓类，包括蜻科、蜓科等，雌虫会独自到水边产卵；而束翅亚目的豆娘类，包括蟌科、丝蟌科等，雌虫产卵时雄虫仍会挟住其颈部，以防止被其他雄虫骚扰，确保产下的后代是自己的基因。

日期： 2003 年 8 月 29 日
地点： 瑞芳（新北市）

1 2 3 | **1.** 黄翅绿色蟌交尾前，雄虫会挟住雌虫颈部，再带到产卵环境。**2.** 雄虫先将腹端的精苞移到腹部 2 ～ 3 节间的“储精囊”。**3.** 雌虫再把腹部卷曲与“储精囊”授精，而形成一个“爱心”的图形。

拍摄参数 F16 T1 / 60 ISO100 闪光灯补光

蜻蜓交尾时呈“爱心”的画面十分有趣，过去拍了数百张各式各样交尾的画面，其中又以豆娘类的“爱心”图像最为明显，而蜻蜓类的“爱心”形状就有点扁长，但都不离“爱心”的外形。

红玉斑蟌交尾，也有一个“爱心”的图形。牡丹（新北市）

褐斑异痣蟌交尾形成的“爱心”图形也很漂亮。镇西堡（新竹）

主题延伸

小团扇春蜓，“交配器官”位于腹部第二节，交尾前雄虫会有“移精”的行为，将腹部末端的精苞由生殖孔移至“交配器官”后（又称“副生殖器”“储精囊”），才会开始寻找雌虫交配。

拍摄地点/汐止（新北市）

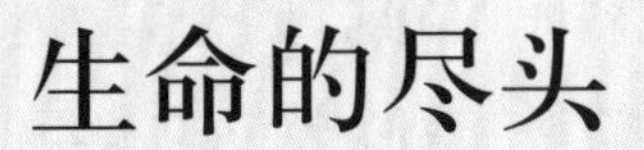

生命的尽头

093

宜兰亮盾蝽的强韧生命力

半翅目 | 盾蝽科

宜兰亮盾蝽 *Lamprocoris giranensis*

某日和友人来到崁头山附近的一条林道上，我发现一只身体受伤的椿象，当时猜想它可能被某种鸟类啄伤了腹部。从它仅剩的胸部斑纹来看，应该是一只宜兰亮盾蝽，而且是雌虫。宜兰亮盾蝽的肚子里有十几颗晶莹剔透的卵，这些卵还来不及孵化出来就被啄伤了。看到此景，想必任何人都有恻隐之心，会为它的遭遇感到难受吧！

如此难得的画面，吸引了现场很多人围观，大家纷纷拿出相机来拍摄。拍完后我们将它放回叶片上，面对它的遭遇，我们一点儿也帮不上忙，也不知道尚有一丝气息的椿象还能撑多久？腹中的卵是否能顺利孵化？其实我有想过把它带回家，保护这些卵不再被蚂蚁搬走，但考虑到我是否有能力照顾，包括温度和湿度的控制，最后还是顺其自然，或许让它留在原来的环境其孵化概率会更大吧！

日期： 2009 年 10 月 25 日
地点： 崁头山（台南）

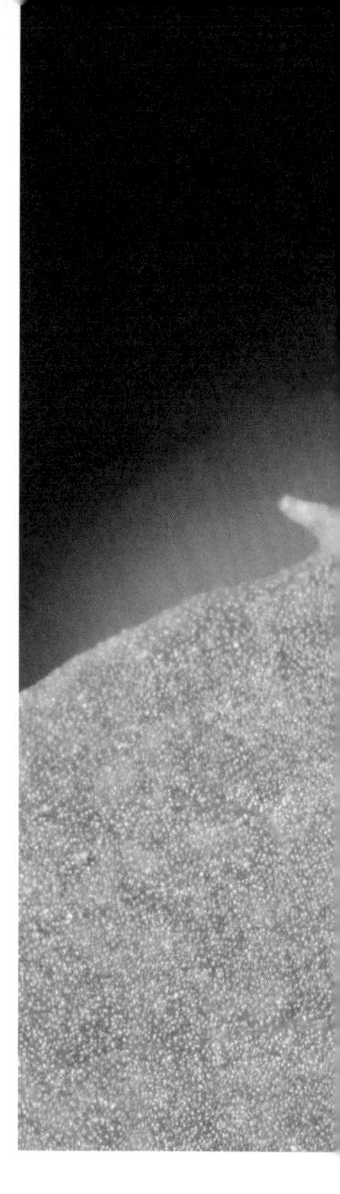

1 2 3 | **1.** 宜兰亮盾蝽，盾背上的斑纹很亮丽。侯硐（新北市）**2.** 这些卵还来不及孵化就被啄伤了，看到此景令人惊讶。**3.** 红腺长蝽的腹部也不见了，但还能行动自如。东埔（南投）

拍摄参数 F11 T1 / 60 ISO400 闪光灯补光

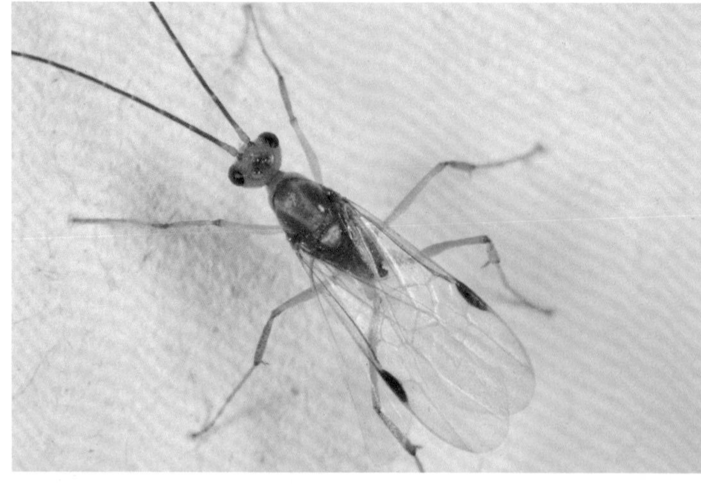

1 2

1. 一只趋光的姬蜂飞到灯光底下，令人诧异的是它没有腹部也能飞。白河（台南）**2.** 没有腹部的弓背蚁竟然还能爬行。梦湖（新北市）

主题延伸

蝗虫以后脚弹跳，因此断足的机会很大，除了天敌的因素外，也可能是不小心被杂物夹到而受伤。竹节虫断脚可以再生，而蝗虫断足只能拐着另一只脚走路，不像人类有义肢协助，它只能凭借意志力来寻找食物维生。

拍摄地点 / 观雾（新竹）

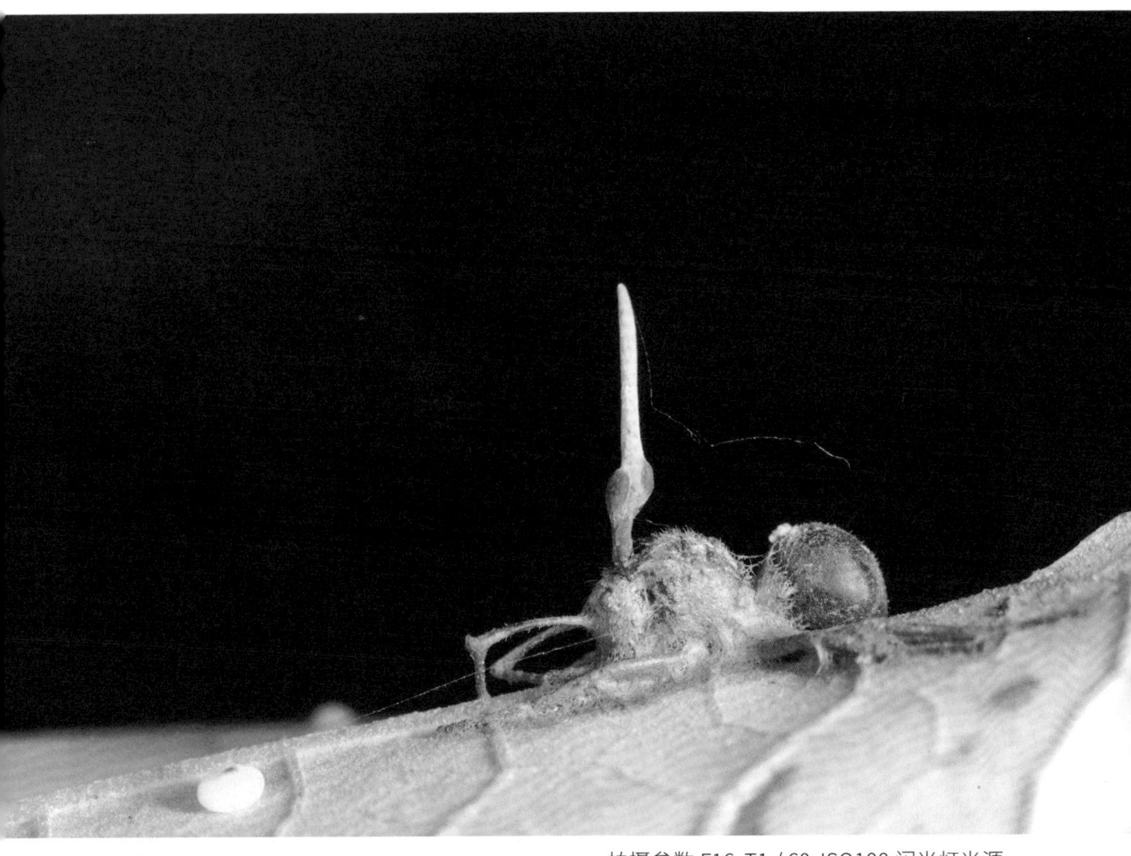

拍摄参数 F16 T1 / 60 ISO100 闪光灯光源

094

冬虫夏草

膜翅目 | 蚁科

双突多刺蚁 *Polyrhachis dives*

日期： 2010 年 2 月 9 日
地点： 利嘉林道（台东）

冬虫夏草主要产地位于西藏、青海、四川等海拔 3 000 米以上的高山灌木带草坡。有种“虫草蝙蝠蛾”的幼虫会栖息在土里，被一种“冬虫夏草菌”寄生并蚕食幼虫直至死亡。到了春天，菌丝会开始生长，当夏天来临时就长出地面，外观似一根小草，于是“蝙蝠蛾幼虫的躯壳”和“冬虫夏草菌”的子实体被挖出来，这个“复合体”就称为“冬虫夏草”，是中国传统的名贵中药材。

有学者认为凡是由“虫草属真菌”寄生并能生出子实体的“菌物结合体”，都可通称为“冬虫夏草”。有次我在一个长满野姜花的湿地发现一只蚂蚁被真菌寄生了，这只蚂蚁的身体呈木乃伊状，头部却奇异地长出一株棒状物，像某种植物充满了生机，原来这就是民间所说的“冬虫夏草”繁殖方式。冬天虫体被真菌寄生，到了夏天长出子实体，等待机会崩裂散播更多的看不见的细小孢子，随着气流飘散，再去附着其他的虫体，哪个倒霉的被附着了，不久就会生出一根“草”。蚂蚁被寄生而长出子实体的过程近似冬虫夏草，但因为生长期不同，所以不能作为药材使用。

被真菌寄生的是这种多刺蚁。莲华池（南投）

主题延伸

被“冬虫夏草菌”寄生的“虫草蝙蝠蛾”，分类于蝙蝠蛾科，我在明池见过这种蛾。明池海拔约 1 500 米，台湾的蝙蝠蛾幼虫是否会被真菌寄生而生出“冬虫夏草”呢？有兴趣的朋友不妨留意脚下是否有珍稀的名贵药材。

拍摄地点 / 明池（宜兰）

1
2
3

1. 蚂蚁被寄生而长出的子实体，过程近似却不能当成药材。**2.** 近似这种行为的不仅只有蚂蚁，我还拍到苍蝇和蜘蛛，也被真菌寄生而长出了子实体。土城（新北市）**3.** 苍蝇被寄生后，子实体从身体最薄弱的隙缝钻出，胸侧两边和腹端的肛门看起来像灵异附身，十分恐怖。土城（新北市）

拍摄参数 F11 T1 / 60 ISO200 自然光源

095

蝗虫的“天葬”

直翅目 | 斑翅蝗科

疣蝗 *Trilophidia japonica*

日期：2009 年 9 月 26 日
地点：土城（新北市）

蝗虫的 6 只脚紧抱树枝，它是怎么死的呢？昆虫在生命终点，体力耗尽，最后都会掉落地面结束一生。昆虫的“葬礼”很简单，对于它们来说生死来去匆匆，气丝断，躺下来任由虫蚁搬离、分解。

但蝗虫的死相很特别，第一次发现杂草的茎枝上都挂着蝗虫，而且这些蝗虫的身体皆呈现干燥状态，颜色泛黄，有些肢体完好如初。当时不解，以为是喷洒农药所导致的后果，后来越看越多，在不同的环境下也会看到，让人有点惊愕，为什么它们要用这种方式死亡？用“天葬”来形容这些小精灵并不恰当，它们并不需要这个名词，死对它们来说是一种解脱，也许它们连解脱都不曾想过。原来这些蝗虫是被一种真菌所寄生，当真菌逐步侵入脑部，会逼迫蝗虫向高处爬，目的是有利于真菌孢子的散播，所以当有蝗虫受到感染，附近的其他蝗虫也会受到更多的危害。

黄胫小车蝗也被真菌寄生，致使其爬到草的端部。狮额山（台南）

主题延伸

黑蚱蝉遭真菌寄生，菌丝从体节缝隙长出，乍看似白色斑纹，以为是特殊种类，事实上它是被寄生死亡。这种病变也发生在其他昆虫身上。当孢子繁殖飘散，附近的昆虫也会被感染，就像传染病一样蔓延。

拍摄地点/阳明山（台北）

1 2 3

1. 台湾稻蝗也被真菌寄生，肢体完好，可能刚被寄生不久。四脚亭（新北市）**2.** 中国古史有“蝗一夕抱草而死”的记载：“在淮河流域的植物类中，也有杀蝗的草本植物……”“宋州发现当地生长杀蝗的草本植物……”，这些传说都不具科学性。四脚亭（新北市）**3.** 用“蝗虫的天葬”来描述也许更令人动容，但究竟不是“天葬”，而是大自然食物链的一环。

拍摄参数 F8 T1 / 100 ISO200 闪光灯补光

096

遇难的异型紫斑蝶

鳞翅目 | 蛱蝶科

异型紫斑蝶 *Euploea mulciber*

日期：2003 年 8 月 31 日
地点：安坑（新北市）

一对交尾的异型紫斑蝶掉进蜘蛛网里，翅膀还散发着紫色光泽，这张珍藏十多年的照片，画面令人震撼且不舍。

异型紫斑蝶幼虫以萝藦科、夹竹桃科及桑科榕属植物为寄主，这些植物都会分泌大量汁液，但幼虫摄食时并不会中毒，反而是把这些浓缩的植物碱储藏在体内，作为防御敌人的武器。蝴蝶的幼虫具“警戒色”斑纹，成虫也有醒目的蓝、白斑点，对某些鸟类具有避敌效果，但

对蜘蛛的天罗地网却起不了作用，最后还是会误闯导致其双双挂在网上。

这对蝴蝶的恩爱模样让人无法相信它们已经失去了生命，但是蜘蛛并没有将它们吃掉，也没用丝捆绑，据说蜘蛛会将丝剪断以让紫斑蝶掉落，但我没亲眼见过，不过倒是可以确定蜘蛛是不吃紫斑蝶的。这两只紫斑蝶的质量不轻，能吊挂住它们的必定是大型种蜘蛛所结的网。我在观雾林道见过不少斑络新妇，它们的网架设在树与树之间，因此经常看到很多苎麻珍蝶挂在网上。

除了结网的蜘蛛外，狩猎型的蟹蛛、巨蟹蛛、猫蛛也很可怕，它们会躲在花朵里，出其不意地猎捕前来吸蜜的蝴蝶、蜜蜂，直接吸食它们的体液后抛弃。

1 2 3 4 5

1. 异型紫斑蝶的蓝、白斑是一种警戒色。瑞芳（新北市）**2.** 苎麻珍蝶误闯横带人面蜘蛛的网，有的展翅，有的合翅，其被注射麻醉液后连挣扎的机会都没有。大鹿林道（新竹）**3.** 黄钩蛱蝶前来吸蜜，被躲在花朵里的蟹蛛猎捕。阳明山（台北）**4.** 散纹盛蛱蝶也被三角蟹蛛猎捕，翅膀张开，美丽的背后竟是死亡。二叭子（新北市）**5.** 附近还有一只散纹盛蛱蝶停栖在大花咸丰草吸蜜，白色花瓣里躲着一只三角蟹蛛，还好蜘蛛没出来攻击。青云路（新北市）

主题延伸

三突花蛛猎捕蜜蜂，雌蛛有白色、黄色、绿色等，腹部水梨状；雄蛛较小，头胸背板有两条褐色纵带，体色会随环境改变，常隐藏在花朵间捕食小昆虫，不会结网，是一种狩猎型的蜘蛛。

拍摄地点/布洛湾（花莲）

拍摄参数 F5.6 T1 / 125 ISO400 闪光灯补光

097

毛面同痣蟌的天敌

蜻蜓目 | 蟌科

毛面同痣蟌 *Onychargia atrocyana*

日期： 2004 年 8 月 10 日
地点： 双连埤（宜兰）

毛面同痣蟌主要分布于宜兰的双连埤，但数量稀少。十年前经友人告知毛面同痣蟌的位置后，便计划着前往一探究竟。来到双连埤，心中有感这块净土仿佛世外桃源，整个山谷散发出的绿意让人心旷神怡。一到目的地，我们就急着前往湖边寻找豆娘。看着湖面被风吹起一阵阵涟漪，周围有好多蓝色的豆娘在水面停栖，不过它们都是蓝纹尾蟌。花了半天时间寻找，就是看不到毛面同痣蟌的踪影，正想放弃离开时，恰巧我家小朋友手里拈着一只蓝色的豆娘问我："这是什么？"我一看，啊！这不就是毛面同痣蟌！顿时精神为之一振，在附近又找了起来，果然在草丛里发现了十几只毛面同痣蟌的踪影。

这些毛面同痣蟌大部分都是雄虫，雄虫的腹部末端有蓝色斑纹，后来我发现有一对雌、雄虫正在联结，赶紧将这幅画面拍摄下来，才拍了 3 张，突然飞来一只狭腹灰蜻，只见它抓取其中一只吃了起来。在这紧要关头，我正犹豫是要救豆娘还是继续拍照，但狭腹灰蜻猎捕的动作实在太快，待我回过神时，可怜的毛面同痣蟌已经失去头部，几秒钟后整个身体就被狭腹灰蜻吞下肚了。

毛面同痣蟌，雄虫腹端具蓝斑。

主题延伸

狭腹灰蜻习性凶悍，它会猎捕体形比它大的扭尾曦春蜓，并带着猎物飞到隐秘的树林里享用。小时候，在我的家乡有很多杜松蜻蜓，我们经常徒手去抓，一不小心就被它的大颚咬到流血，可见蜻蜓的咀嚼式口器很发达。

拍摄地点 / 木栅动物园（台北）

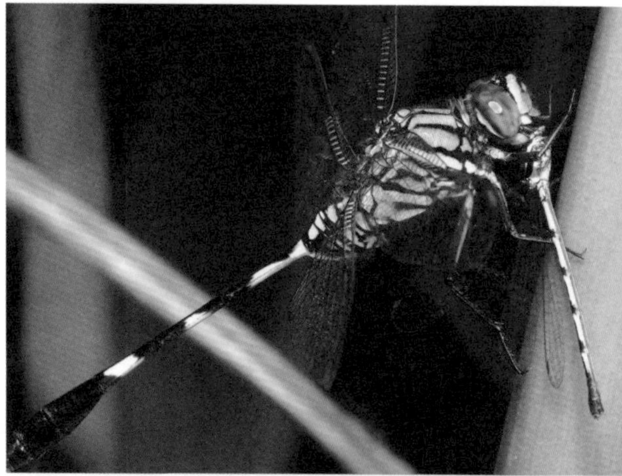

1
2
3

1. 终于发现一对毛面同痣蟌，雌虫腹端黑色，躲在隐秘的草丛里与雄虫联结。**2.** 突然飞来一只狭腹灰蜻，一下子就把雌虫的头部吃掉。**3.** 可怜的毛面同痣蟌，我眼睁睁地看着它被吞噬，心中突然感到一阵凄然。

拍摄参数 F8 T1 / 125 ISO200 自然光源

098

被芒刺卡住的昆虫

蜻蜓目 | 色蟌科

褐顶色蟌南台亚种

Psolodesmus mandarinus dorothea

日期： 2007 年 10 月 23 日

地点： 青云路（新北市）

昆虫的世界布满“天敌”，弱肉强食，一物克一物，这是生态食物链中的自然现象，除了时时警戒外，谁也不敢保证不会碰到天敌。这些天敌多数来自捕食性昆虫，其次是爬虫类、鸟类和蜘蛛，还有寄生性的菌类，有些食虫植物也会让昆虫掉入陷阱而死亡。一般来说，昆虫与植物是和平共存的，因为植物需要借由昆虫授粉以开花结果。但植物也很现实，当它需要时会展露花香以诱引昆虫，不需要授粉时多半不太欢迎昆虫。

有一年，我在家乡的农田看到许多瓢虫、叶甲、金龟子被一种芒草的穗卡住而死亡。观察附近的芒草，发现它们的花期差不多都已经结束，开始进入结籽阶段，由于其端部具有芒刺，因此鞘翅目昆虫的膜质翅多半会被卡住而无法脱困。

除此之外，我也曾在土城山区看到大花咸丰草，其瘦果具有芒刺，俗称鬼针草。一只褐顶色蟌飞行时可能不小心触及芒刺而被卡住，其可怜的下场不仅仅是失去了自由，它的头部好像也被天敌吃掉，形成了一股无语问苍天的悲哀。

1 2 3 4 5

1. 褐顶色蟌，雌虫具明显的白色翅痣。北埔（新竹）**2.** 青铜金龟，不小心被禾本科的植物卡死，穗具芒刺，膜质翅一旦碰到就无法脱离。水上（嘉义）**3.** 黄斑盘瓢虫也被这种植物的穗卡住而死亡。水上（嘉义）**4.** 被卡住的8条瓢虫，附近的芒草花期都已结束，开始结籽。水上（嘉义）**5.** 我将受困的锈象鼻虫救起，但其后翅已破损。角板山（桃园）

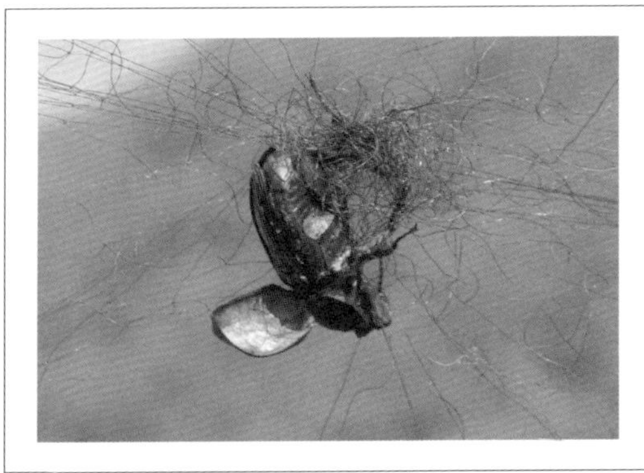

主题延伸

昆虫的死亡有多种原因，其中来自于人类所造成的伤害最为严重，除了环境的破坏外，有些人在非农业或研究目的下抓捕昆虫，或原本是想设置网子捕鸟，但却造成误闯的昆虫受困其中而死亡（图中为宽褐齿爪鳃金龟）。

拍摄地点 / 下巴陵（桃园）

拍摄参数 F8 T1 / 60 ISO200 闪光灯补光

099

被寄生的九节木长喙天蛾

鳞翅目 | 天蛾科

九节木长喙天蛾

Macroglossum heliophila

日期：2008 年 12 月 11 日
地点：圣人瀑布（新北市）

长喙天蛾经常被误认为是蜂鸟，其飞行灵活，能于空中快速拍翅吸食花蜜。由于它的视力甚佳，飞行时速可达 40 ～ 50 千米，因此想要捕捉它的身影并不容易。人类通常想趁它吸蜜时稍微靠近一点拍摄，这时它就会立刻转向，其忽左忽右或旋转的飞行让人捉摸不定。

一次我发现一只九节木长喙天蛾的幼虫被某种悬茧蜂寄生了，这些寄生在天蛾幼虫体内的茧蜂幼虫成熟后会钻出来吐丝。一只只像蛆的幼虫进入即将化蛹阶段，便开始吐丝垂挂在半空中，刚开始细丝有很多条，最后会集结成一条，以让这些幼虫垂挂下来。我观察一段时间后发现，原来这是悬茧蜂幼虫将丝集中成一条粗壮的丝后，接着在末端一起结茧化蛹，形状像流星锤，垂挂在半空中。

多数悬茧蜂都以这种形态结茧，一个茧包含数十只悬茧蜂的蛹，紧密而规则地结合，每一颗茧向外尖突，乍看像流星锤。羽化也在同一时间，可惜我没机会看到它们羽化，只知道悬茧蜂成虫破茧羽化的出口都呈规则切裂，若破裂的形状不规则，表示这个茧被另一种姬蜂寄生了，称为“重寄生”。

九节木长喙天蛾成虫，它喜欢在黄昏时出来飞行吸蜜。土城（新北市）

主题延伸

悬茧姬蜂的行为与悬茧蜂近似，但悬茧姬蜂幼虫不会集中在一起结茧，而是各有一条垂挂的丝，椭圆形的茧吊挂在半空中，白色掺杂黑色斑纹，很漂亮。

拍摄地点/阳明山（台北）

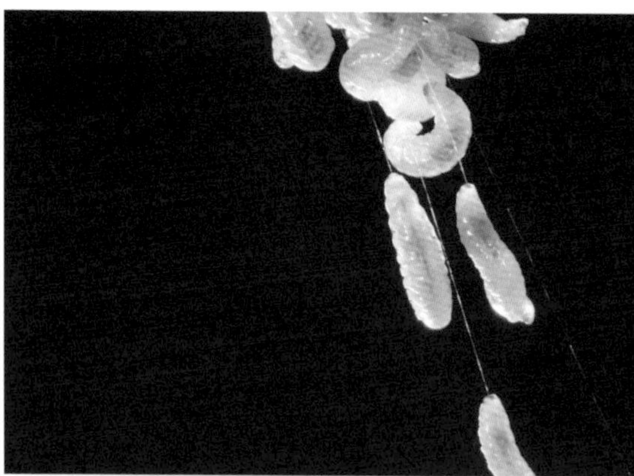

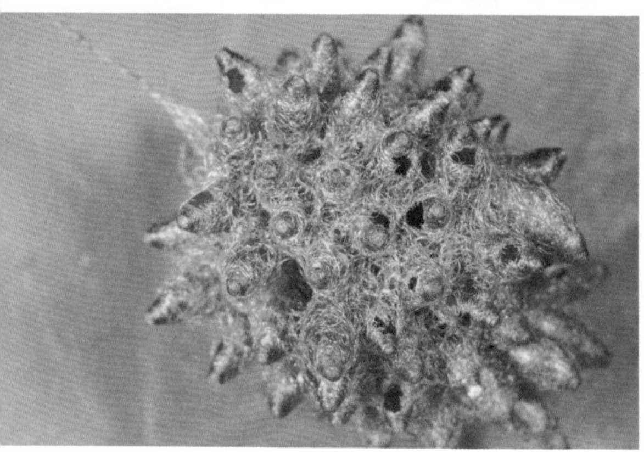

1 2
3 4
5

1. 悬茧蜂从寄主的身体里钻出，吐丝垂挂在半空中。**2.** 一只只像蛆的幼虫，其实已经老熟即将化蛹。**3.** 悬茧蜂的幼虫集结在丝的末端，一起结茧化蛹。**4.** 悬茧蜂的茧像流星锤，破洞的缺口若平顺，表示羽化正常。阳明山（台北）**5.** 悬茧蜂的茧，破洞的缺口破裂，表示又被某种姬蜂寄生。甘露寺（新北市）

拍摄参数 F16 T1 / 60 ISO100 闪光灯补光

100

小毛毡苔的诱惑

茅膏菜科（植物）

Drosera spathulata

日期： 2006 年 2 月 21 日
地点： 阳明山（台北）

小毛毡苔是一种草本的食虫植物，叶缘及叶面密布腺毛，能分泌黏液来捕捉小虫，再以消化液分解获得氮素，这是它开花季节为了防止昆虫采食花蜜所设下的陷阱。小毛毡苔不需要授粉，能在叶缘长出小苗，利用叶片来繁殖。

小毛毡苔的生长环境位于裸露的山坡，我曾经在贡寮的山上和阳明山拍到不少照片。从微距的观景窗观察那球状鲜红的腺毛，仿佛一粒粒诱人的樱桃，但谁知其中有诈，误闯禁地

必死无遗。

据说这些腺毛具有甜美的气味，能让小昆虫禁不住诱惑闻香而来，因此拍照时我特别留意它是如何进行捕食的。原来，腺毛具有黏性，当猎物碰触时就会弯曲，接着以黏液消化吸收被捕食昆虫的养分，最后只剩下被捕食猎物的翅膀和躯壳，有时在小毛毡苔叶肉上见到的污黑虫尸就是这种食虫植物的杰作。

仔细研究这些空壳，被捕食的昆虫以蚂蚁、蝇虻和蟋蟀居多。我曾看过一只蚂蚁受困其中，纵然它使尽力气挣脱，结果越陷越深，三对足和触角甩也甩不掉。最后我因为不忍心，便用枝条救出蚂蚁，历劫归来的它在清理黏液后，有气无力地摇晃爬行，想必这是它一生永难忘怀的梦魇吧！

1 2 3 4 5

1. 小毛毡苔紧贴在地面，叶状匙形，叶片展开如莲座。贡寮（新北市）**2.** 叶片上具有会分泌黏稠液体的腺毛，颜色鲜艳。**3.** 若有昆虫进入，小毛毡苔的腺体会自动弯曲，紧紧包住。**4.** 一只蚂蚁不小心闯入禁地，身体立刻被粘住出不来。**5.** 眉纹蟋蟀的若虫也爬到陷阱里，不能动弹，最后被消化分解死亡。

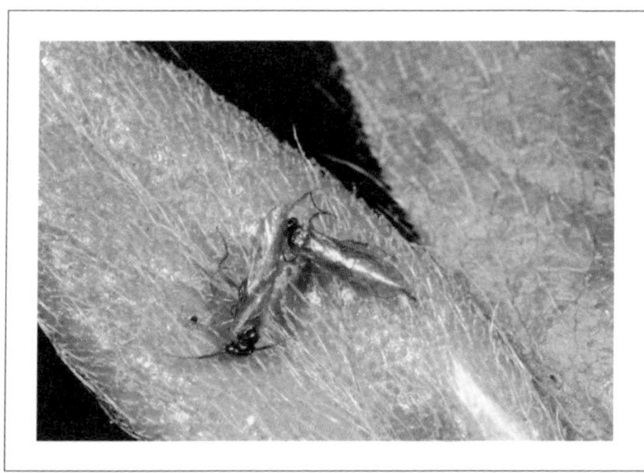

主题延伸

分布于中、高海拔的杜鹃，叶片上也具有腺毛，其端部的红色黏液若不仔细观察还真看不出来。两只死在叶片上的叶蜂尸体完整，原来它将卵产于叶片组织，其实杜鹃才是最大的受害者，然而杜鹃的腺毛只能防止天敌入侵，并不具“食虫”的功能。

拍摄地点/雪见（苗栗）

简体中文版校订者后记

我跟嘎嘎老师在网上相识将近十年。当年我们正在编写《中国昆虫生态大图鉴》，苦于如此“巨著”缺少来自宝岛台湾的照片，将成为一大憾事！于是，我就贸然给台湾最著名的昆虫图片网站“嘎嘎昆虫网”站长嘎嘎老师写了一封信，希望他加入我们的编写队伍。很快，嘎嘎老师回信同意加入，并任由我们从他的网站上选取最精彩的照片编入书中。

2015 年岁末，我收到了嘎嘎老师寄来的新书《嘎嘎老师的昆虫观察记》，在自然博物类书籍已经是“目不暇接”的今日，这本书依旧使我兴奋不已！当即就给重庆大学出版社的梁涛老师打电话，建议取得此书的中文简体版权。

我个人通常会把市面上流行的“自然博物类”书籍分为两类：一类称之为“图画书”，也就是用于动植物分类鉴别方面的工具书，是自然观察不可或缺的装备之一；另外一类称之为“故事书”，这类书通常以作者个人的野外旅行看到或日常观察到的物种为主，讲述系列的相关“故事”，给人以启迪。然而，摆在我面前的竟然是一本“不伦不类”的昆虫书！这本书虽然讲的是故事，但却不是作者与昆虫之间的故事，而是一百个揭秘昆虫自身生活的故事！

喜爱昆虫摄影的朋友都知道，拍一张昆虫的“标本照”很容易，掌握好技术，拍清楚就可以了。但是，将其生活特殊的一面拍出来则并不容易！昆虫个体小，行踪诡秘，发现已属不易，拍摄其私密生活更是难上加难，不仅需要花费大量的时间，还要有极其细致的观察和耐心。这本书在海峡两岸诸多昆虫“图画书”和“故事书”里，可以说是具有开创性的。

虽然，海峡两岸用的都是中文，但其昆虫的中文名称却有很大的不同。为此，我花费了大量的时间和精力，对全书昆虫中文名称进行了修订，全部改为大陆的用法，以便于读者阅读和理解。此外，书中出现的个别错误，也在相应的位置进行了改正或注释。

我相信《嘎嘎老师的昆虫观察记》简体中文版的面世，可以引起更多人，特别是青少年朋友对昆虫的进一步认知，帮助其养成观察昆虫、记录昆虫生活的良好习惯。

2017 年 9 月 20 日于重庆